OEUVRES

D'AGRICULTURE

DE

VARENNE-FENILLE.

MÉMOIRES

SUR

L'ADMINISTRATION FORESTIÈRE,

ET

SUR LES QUALITÉS INDIVIDUELLES DES BOIS INDIGÈNES OU QUI SONT ACCLIMATÉS EN FRANCE.

AUXQUELS ON A JOINT LA DESCRIPTION DES BOIS EXOTIQUES QUE NOUS FOURNIT LE COMMERCE.

Ouvrage utile aux propriétaires qui veulent se ménager de la futaie, juger avec précision de l'âge auquel ils doivent couper leurs forêts, et connaître l'emploi le plus avantageux des différentes espèces d'arbres, d'après leurs qualités déterminées par un grand nombre d'observations et d'expériences nouvelles.

PAR P. C. VARENNE-FENILLE,

Associé ordinaire des sociétés d'Agriculture de Paris, Dijon, Lyon et Bourg.

SECONDE ÉDITION, REVUE ET CORRIGÉE.

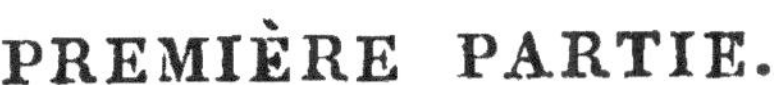

PREMIÈRE PARTIE.

PARIS,

A.-J. MARCHANT, LIBRAIRE POUR L'AGRICULTURE, RUE DES GRANDS-AUGUSTINS, N°. 20.

1807.

Les Mémoires de Varenne-Fenille sur l'Administration Forestière sont si généralement recherchés et estimés en France et chez l'étranger, qu'il serait inutile d'en essayer l'éloge. Publiés, pour la première fois, à une époque qui rappelle de douloureux souvenirs, et qui touchait de bien près à celle de la fin tragique de cet homme vertueux, si digne d'un meilleur sort, ils furent cependant appréciés à leur juste valeur par quelques journaux du tems, mais mieux, depuis, par tous les écrivains qui ont traité des bois et forêts, ou de l'agriculture et de l'histoire naturelle en général.

Varenne-Fenille, dans les matières qu'il a traitées, est aujourd'hui cité souvent comme autorité, et son nom se trouve à côté de ceux des Réaumur, des **Duhamel**, des **Buffon**, etc., dont il est en quelque sorte le continuateur, puisqu'il a encore travaillé utilement sur des objets dont s'étaient occupés ces auteurs célèbres, et qu'il a surpassé l'attente générale, en ajoutant à leurs découvertes.

Les savans professeurs du Muséum d'Histoire naturelle, dans des ouvrages qui ont tant contribué à reculer les bornes de la science, et dans les leçons publiques où ils en font une si heureuse application, ne laissent jamais échapper l'occasion de payer à la mémoire et aux talens de Varenne-Fenille le juste tribut d'éloges et de reconnaissance qui lui est dû, et qu'il partage avec son illustre et malheureux ami, M. Lamoignon de Malesherbes ; hommage d'autant plus flatteur et moins suspect, qu'il est le fruit du plus pur désintéressement, de la réflexion et de la sagesse.

Rien, au reste, ne prouve mieux l'importance de la matière que notre auteur avait à traiter, et le succès qui a couronné ses efforts, que la rapidité avec laquelle la première édition a été enlevée dans des circonstances très-peu favorables, et malgré le nombre assez considérable de fautes typographiques que la rapidité de l'impression y laissa subsister. Ce succès, l'ouvrage ne le dut qu'à lui-même, puisque l'auteur, alors éloigné de Paris, et bientôt après privé de sa liberté et de ses amis, ne pourrait être soupçonné des démarches usitées si souvent pour surprendre les suffrages passagers du public, quand même son ame indépendante et fière ne l'eût pas mis au-dessus d'un semblable soupçon.

Depuis dix ans ces Mémoires sont épuisés. L'administration des Eaux et Forêts, à la tête de laquelle se trouve un homme si digne du choix de S. M., attend avec impatience la publication d'un ouvrage dont elle recommande la lecture à ses subordonnés ; déjà elle en a retenu les premiers exemplaires, et il est bien à croire que sa sollicitude ne se bornera pas à cet acte de justice envers la mémoire d'un écrivain utile et courageux auquel elle doit peut-être des vues qu'elle a mises en pratique, et qui sans doute eût été appellé dans ses conseils et ses travaux.

C'est en faveur de tous les employés de cette administration que l'on a cru devoir réduire l'ouvrage de la moitié de son étendue et de son prix primitifs, sans pourtant rien retrancher du texte: on a pensé que si le luxe typographique peut quelquefois être déplacé, c'est sur-tout dans les livres qu'on porte à la campagne et dans les bois ; livres qu'on ne peut rendre trop portatifs et trop commodes , et dans lesquels par conséquent on doit éviter les marges et les tableaux trop considérables, et cette méthode si fréquente aujourd'hui d'élaguer les impressions pour gagner des volumes.

Varenne-Fenille a consigné, dans des recueils de sociétés savantes, dans des brochures particulières et dans les journaux d'agriculture, des mémoires assez considérables sur les étangs, sur la mortalité du poisson en 1789, sur les Voyages d'Art. Young en France, et sur d'autres sujets aussi importans. Ces pièces détachées sont, pour ainsi dire, perdues pour le public et pour les progrès de l'art : en les réunissant à la suite de ses autres ouvrages, on est d'autant plus assuré de faire une chose agréable au plus grand nombre, que cette augmentation considérable, dont on formera la troisième Partie, laissera encore la totalité de l'ouvrage à bien plus bas prix que ne l'étaient auparavant les deux premières.

Au surplus, la publication de ces Œuvres d'Agriculture et leur division en trois parties ont été adoptées pour laisser encore aux amateurs la liberté du choix, s'ils ne jugent pas à propos de prendre la totalité.

INTRODUCTION.

Depuis plus de deux siècles on se plaint du dépérissement de nos foréts, et depuis deux siècles le mal a constamment empiré. Bernard Palissy, qui florissait sous les règnes de Charles IX et de Henri III, appellait notre insouciance à cet égard, non une faute, mais une malédiction et un malheur à toute la France.

Le préambule de la fameuse ordonnance de 1669 nous apprend que, jusqu'à cette époque, le désordre qui s'était glissé dans les foréts était si universel et si invétéré, que le remède en paraissait presque impossible. Aussi cette loi, avec quelque soin qu'elle ait été rédigée, n'a point rétabli le niveau entre la consommation et la reproduction des bois. Les précautions prises par Colbert furent insuffisantes : ce ministre, malgré son habileté, s'égara dans les principes de régénération et de détail, que la physique de son tems lui avait fait adopter.

A peine un demi-siècle s'était écoulé, à peine quelques abus auraient-ils pu s'introduire dans l'exécution de cette loi (car de quoi n'abuse-t-on pas ?) que Réaumur consigna dans les Mémoires de l'académie des Sciences *le résultat effrayant de ses observations sur le dépérissement des bois.* « *L'inquiétude est générale, dit-il, et peut-être cette inquiétude n'est-elle que trop fondée. L'intérêt de l'état demanderait qu'au moins la quantité du bois ne diminuât pas pendant* *que la consommation augmente. Il serait à souhaiter que les terrains laissés en bois fussent parfaitement mis en valeur, et sur-tout qu'on empéchât leur produit de diminuer ». (*Mém. de l'acad. des Sc., 1721.)

Réaumur, après avoir ainsi attaqué, quoiqu'indirectement, l'insuffisance des moyens que le législateur avait cru devoir employer pour maintenir le produit des bois, puisque ce produit diminuait, *propose, pour l'augmenter et pour en constater l'augmentation, quelques expériences à faire dont il sera question dans cet ouvrage.*

Cependant les justes inquiétudes qu'avait autrefois conçu le gouvernement, et qui se perpétuaient, le déterminèrent à consulter Duhamel et Buffon, c'est-à-dire, à s'aider des talens et des lumières des deux hommes les plus capables d'opérer une heureuse révolution dans l'économie forestière.

Buffon a trop peu écrit sur les bois ; mais les mémoires qu'il a donnés sur cette matière en 1738, 39, 40, 41 *et* 1742, *sont des chefs-d'œuvres. Les vues générales qui y sont développées et les expériences dont il y rend compte, portent l'empreinte de son génie.*

Duhamel, observateur exact, physicien habile, écrivain abondant, a porté dans l'étude des bois, dont il s'est principalement occupé, un esprit de détail qui peut-être est la sorte d'esprit la plus nécessaire à l'agronome qui instruit et à l'agriculteur qui opère ; et si l'on est effrayé quelquefois, en lisant Buffon, de l'appareil imposant, de la grandeur et de la difficulté de ses expériences, on n'est pas moins étonné, en suivant Duhamel, d'y rencontrer fréquemment des tableaux que contiennent un petit nombre de pages, et qui seuls ont dû lui coûter plusieurs années d'observations. —

Mais si le génie et les travaux de ces deux physiciens du premier ordre ont fait faire de grands progrès à la science forestière, il s'en faut de beaucoup que l'art pratique ait marché du même pas : tant les anciens préjugés et les habitudes invétérées sont difficiles à vaincre !

Buffon avait laissé aux physiciens qui travailleraient après lui sur les forêts, un grand problème à résoudre, celui de déterminer, par une méthode précise, l'instant du plus haut point d'accroissement d'un bois taillis, sur quelque terrain qu'il fût situé. On conçoit combien la solution de ce problème devait influer sur l'amélioration du produit des bois. Convaincu de son importance, je m'en suis occupé long-tems ; j'étais même parvenu à le résoudre, mais en tâtonnant ; et quoique j'eusse obtenu des résultats peut-être plus concluans que ceux qu'auraient donné les expériences proposées par Réaumur, mes moyens étaient longs, mes calculs compliqués, mes expériences exigeaient trop d'assiduité. Peu satisfait enfin de mon travail, j'allais reléguer les tableaux de mes premiers sssais dans le porte-feuille et cesser de m'en occuper, lorsque l'idée me vint d'employer une moyenne prise sur un grand nombre d'individus, et d'appliquer à la reconnaissance et au calcul du xiv

grossissement successif de cette moyenne *la loi que suivent les cercles entre eux ; loi suivant laquelle les espaces que les cercles renferment sont entre eux comme les carrés de leur diamètre* (1)*; et le problême fut résolu. Il ne s'agissait plus que de démontrer les avantages de cette théorie par des expériences qui parlassent aux sens , et de donner des méthodes pour en faciliter l'usage et les applications particulières ; on en verra le développement dans les mémoires. J'entrevois même la possibilité de perfectionner ces méthodes , et d'en rendre la pratique plus rigoureusement exacte , plus abrégée et plus facile.*

Plus une vérité est neuve et simple , plus elle est féconde. La découverte du maximum *d'accroissement d'un taillis m'a conduit à la méthode des éclaircies , celle-ci à la méthode de convertir un excellent taillis en une excellente futaie , et à la démonstration de la fausseté du préjugé dans lequel on a été jusqu'ici que cette conversion ne peut s'opérer sans perte pour le propriétaire : enfin l'extrême utilité , disons mieux , la nécessité d'étudier et de comparer les qualités individuelles des bois se démontre encore évidemment d'après le même principe. En voici la preuve :*

On sait en général que le tempérament des arbres

(1) *Soit le cercle A portant trois pouces , et le cercle B portant six pouces de diamètre : l'espace contenu dans le cercle A est à l'espace contenu dans le cercle B , comme le carré de trois est au carré de six , ou comme neuf est à trente-six. Le cercle B contient donc quatre fois autant d'espace que le cercle A.*

varie ; les uns sont lents à croître , la croissance de quelques autres est prodigieusement accélérée. La croissance moyenne du chêne est de trois lignes de diamètre , celle de quelques arbres exotiques que nous avons acclimatés est d'environ un pouce , quelquefois plus ; d'où il suit , suivant la loi du carré des diamètres , que , même en négligeant les différences dans la hauteur , il y a seize fois autant de bois dans un peuplier de Virginie de trente ans , par exemple , que dans un chêne du même âge , et que l'un pourrait fournir une pièce de dix-huit pouces d'équarrissage , tandis que l'autre fournirait à peine un chevron de trois pouces. C'en est assez pour mettre en état de juger combien il importe d'étudier et de comparer la force des bois , leur élasticité , leur pesanteur , leur retraite , leur incorruptibilité , etc. , afin de déterminer les usages auxquels ils sont propres , et afin d'empêcher qu'on ne continue de prodiguer , mal à propos et pour de petits usages , les arbres précieux que la nature a destinés à de hauts services.

Cette étude individuelle des bois est immense. Lorsque je l'ai entamée , j'ai été surpris , je l'avoûrai , du peu de progrès que la science avait fait à cet égard , et de trouver que cette partie de l'histoire naturelle des arbres était presque entièrement à faire.

Si je m'étais borné à ne rapporter que mes observations , je leur aurais donné le nom d'Essai , et c'est le seul qui leur eût convenu ; mais on verra

combien ont été abondans les secours que j'ai obtenus de la bienfaisance de M. de Malesherbes. Ce
n'est donc plus un essai, mais un commencement
d'histoire des bois que je présente ; histoire que
l'importance de son objet rend intéressante , mais
dont l'intérêt doublera lorsque le lecteur en viendra aux articles qu'a traité M. de Malesherbes.

MÉMOIRES

SUR L'ADMINISTRATION

FORESTIÈRE.

PREMIER MÉMOIRE.

AMÉNAGEMENT DES BOIS TAILLIS.

L'objet de ce mémoire est de donner une méthode pour déterminer avec précision l'époque à laquelle il est le plus avantageux de couper les bois taillis particuliers et nationaux, quelle que soit leur nature, et quelle que soit la qualité du fonds qui les a produits.

Cette question est assez importante pour avoir de tout tems occupé les agronomes, les législateurs, même de grands physiciens ; et ce n'est pas sans une juste crainte que je hasarde de traiter un sujet sur lequel les Réaumur, les Duhamel et les Buffon se sont exercés.

Mais, après avoir porté, à la lecture de leurs ouvrages sur les bois, toute l'attention dont j'étais capable, il m'a paru que les principes qu'ils avaient développés et les vérités qu'ils avaient établies, ne donnaient néanmoins que des généralités dont l'application laissait encore l'agriculteur pratique dans une fâcheuse incertitude. Aucun de ces célèbres physiciens n'a, ce me semble, considéré la question particulière des taillis sous le point de vue que j'ai saisi, lorsque je me suis proposé d'indiquer une méthode démontrée, par laquelle un propriétaire pourra facilement reconnaître de combien son taillis, situé en bon comme en mauvais terrain, aura augmenté chaque année en valeur intrinsèque.

Le vœu de Buffon était qu'on la trouvât, cette méthode. « En général, a-t-il dit, on peut s'assurer que » dans les bons terrains on gagnera à différer la coupe » du bois taillis, et que dans les terrains où il n'y a pas » de fond, il faut les couper fort jeunes. Mais *il serait* » *à souhaiter qu'on pût donner de la précision à cette* » *règle, et déterminer au juste l'âge où l'on doit* » *couper les taillis.* Cet âge est celui où l'accroisse- » ment du bois commence à diminuer. Dans les pre- » mières années le bois croît de plus en plus, c'est-à- » dire, que la production de la seconde année est » plus considérable que celle de la première année; » l'accroissement de la troisième année est plus grand » que celui de la seconde; ainsi l'accroissement des » bois augmente jusqu'à un certain âge, après quoi » il diminue; c'est ce point, ce *maximum* qu'il faut » saisir pour tirer de son taillis tout l'avantage et tout » le profit possibles. *Mais comment le reconnaître,* » *comment s'assurer de cet instant ?* Il n'y a que des » expériences faites en grand, des expériences longues » et pénibles, des expériences telles que Réaumur » les a indiquées, qui puissent nous apprendre l'âge » où les bois commencent à croître de moins en » moins ». (*Supplém. à l'Histoire naturelle, in-4°.* tome II, pag. 257 et suiv.).

Buffon n'était donc pas pleinement satisfait des expériences indiquées par Réaumur, puisqu'il les trouvait *longues* et *pénibles.* Elles consistent à faire le choix d'un bois de l'âge de dix ans. On en coupe un arpent qu'on réduit en fagots d'une grosseur et d'une longueur égales; pour plus d'exactitude, on les pèse. Cinq ans après on coupe un second arpent à côté du premier; on en pèse également le produit. Lorsque le premier arpent a repris dix ans d'âge, on le coupe pour la seconde fois, puis, pour la troisième fois, dix ans après. Enfin, on coupe pour la seconde fois le deuxième arpent, celui dont le bois ne doit être abattu qu'à quinze ans, et l'ayant également pesé, on fait la comparaison exacte du produit d'un taillis coupé trois fois dans trente ans, ou coupé seulement deux fois. Par là, dit Réaumur, on sera en état de juger s'il est plus avantageux de régler les coupes de ce terrain de dix ans en dix ans, ou de quinze en quinze ans.

On ne voit pas qu'il soit réservé un troisième arpent à côté des deux autres pour ne le couper qu'à l'âge de trente ans, et pour en comparer le produit à celui des deux premiers. Peut-être Réaumur s'est-il fait quelque scrupule de proposer la pesée d'un arpent de bois âgé de trente ans. Quoi qu'il en soit, il n'a point dissimulé les difficultés que ses expériences éprouveraient dans l'exécution. « On ne peut guère espérer, » dit-il, que l'impatience française permette d'entre- » prendre des expériences de si longue haleine ; nous » voulons tout savoir, avoir tout fait dans le moment. » Des expériences de cette nature seraient aussi plus » sûrement conduites par ceux qui nous gouvernent. » Elles sont un objet assez important pour l'état pour » mériter leur attention, et j'ose dire que ce sont des » plus belles et des plus grandes expériences qu'un » prince puisse faire entreprendre ». (*Mém. de l'Ac. des Sciences*, 1721, *in*-12, pag. 386).

Ce n'est pas seulement à raison de son extrême difficulté que la méthode de Réaumur me semble peu praticable, et je crois que l'expérience, comme il la propose, serait insuffisante et fautive.

1°. Si le plus haut point de croissance du taillis, ce *maximum* que l'on cherche, ne doit se trouver qu'entre la dixième ou la quinzième année, ou entre la quinzième et la trentième, comment le reconnaître ?

2°. En supposant que l'expérience ait été faite avec

exactitude, qu'apprendra-t-elle ? Le meilleur aménagement du taillis exploité ? c'est bien peu pour un aussi grand appareil. L'aménagement d'un taillis absolument semblable ? Mais comment le propriétaire d'un bois semblable jugera-t-il de leur parfaite conformité ?

3°. Les maraudeurs, ou quelque accident imprévu, peuvent déranger l'expérience ; et pour peu qu'elle soit altérée, le dommage ne peut plus s'estimer, la peine est perdue, il faut recommencer.

4°. Quel moment choisira-t-on pour le mesurage des fagots et pour leur pesée, s'il est vrai, comme on n'en saurait douter, que les bois, en se desséchant, perdent au moins le tiers de leur poids, et souvent un quart de leur volume, et que, plus le bois est en petit volume, plus le desséchement en est rapide ? La précision à laquelle Réaumur aspirait est donc moralement impossible dans l'expérience qu'il a proposée.

Duhamel est le physicien qui a parlé des taillis avec le plus de détail ; mais ce qu'il en a dit ne conduirait encore qu'à des généralités, quand même ses données, et conséquemment ses résultats, ne seraient pas quelquefois contredits.

Cet auteur estime (*Exploitation des Bois*, t. I, pag. 173 et suiv.) que les taillis, essence de chêne, *situés en bon fonds*, croissent en hauteur d'un pied chaque année, et grossissent de six lignes annuellement, ou, ce qui revient au même, que chaque couche prend annuellement une ligne d'épaisseur. Il excepte les baliveaux, qui, suivant lui, grossissent de neuf lignes ; il suppose enfin que l'arpent d'un taillis de vingt ans contient neuf cents brins.

D'après ces données, un arpent, nous dit-il, produira :

A 20 ans....	8 cordes.	800 fagots.	120 liv.
A 25 ans....	12	1200	180
A 30 ans....	18	1800	270

Les cercles sont entre eux comme les carrés de leur diamètre. Donc la grosseur du brin de vingt ans est à la grosseur du brin de trente ans comme le carré de 40 lignes, diamètre du brin de vingt ans par la supposition, est au carré de 60 lignes, diamètre du brin de trente ans. Le carré de 40 est 1600, le carré de 60 est 3600. Or 1600 lignes sont à 3600 lignes comme 120 liv. sont à 270 liv. Le calcul de Duhamel est donc rigoureusement exact, à cela près qu'il a oublié que son taillis de trente ans avait cru de dix pieds de hauteur pendant les dix dernières années, et qu'il a omis de mettre ces dix pieds en ligne de compte. Mais cette extrême exactitude prouve en même tems que son résultat n'est dû qu'au raisonnement, et non à l'expérience.

Tout le reste du chapitre, qui est fort étendu, ne porte que sur les mêmes bases, et ne part que de la même hypothèse ; mais on n'est pas universellement d'accord que cette hypothèse et ses bases soient parfaitement conformes aux lois que suit la nature.

Les observations faites à Saint-Dizier en Champagne, par un grand-maître des eaux et forêts, M. Tellès d'Acosta (*Instructions sur les bois de la marine*, Paris, 1782, *in-*12), ne s'accordent point avec les évaluations de Duhamel. Il ignore, dit-il, dans quelle province et dans quel tems les évaluations du tableau de Duhamel ont été faites ; mais à Saint-Dizier l'accroissement des brins de taillis est de seize lignes de gros, lorsqu'ils sont parvenus à sept à huit pouces de tour (1), et sans couper les baliveaux, pour lesquels M. d'Acosta témoigne une grande prédilection, contre l'avis de Réaumur, Duhamel et

______

(1) Du moins c'est ainsi que je l'ai conçu, car la phrase n'est pas parfaitement claire. La voici (page 59) : « On a observé en Champagne que » l'accroissement des taillis est de plus de six lignes par an, à compter » de l'année où il a vingt ans faits, et sept à huit pouces de gros. A trente » ans le taillis a vingt-cinq pouces de gros, ce qui fait un pouce quatre lig. » d'accroissement par année dans l'espace de vingt ans ».

Buffon, et malgré les puissantes raisons, les observations et les faits dont Buffon, sur-tout, avait appuyé son avis.

Voici le tableau des produits d'un arpent à Saint-Dizier :

20 ans....	14 cordes....	1000 fagots.
25 ans....	17	 1100
30 ans....	20 à 24	 1200

Ainsi voilà deux taillis, celui de Duhamel et celui de M. d'Acosta, tous deux *en bon fonds*, dont l'un ne grossit que de six lignes annuellement, l'autre de seize.

Ce qui paraît plus extraordinaire encore en comparant les deux tableaux, c'est d'y voir que l'arpent de Duhamel, qu'il suppose, à trente ans, composé de brins de quinze pouc. de gros ou cinq pouc. de diamètre, donne dix-huit cordes et dix-huit cents fagots ; tandis que l'arpent de Saint-Dizier, également surchargé de baliveaux, et portant des brins de vingt-cinq pouees de gros et huit pouces un tiers de diamètre, rapporte au plus vingt-quatre cordes et douze cents fagots. Comme les cylindres de même hauteur sont entre eux comme les carrés du diamètre de leur base, l'arpent supposé de Duhamel est à l'arpent de Saint-Dizier comme le carré de 5 est au carré de 8 un tiers, ou comme 25 est à 69 quatre neuvièmes. Ainsi il est clair, ou que Duhamel s'est trompé en partant d'une fausse supposition, ou que l'arpent de Saint-Dizier ne porte pas neuf cents brins, ou qu'il devait donner au moins quarante-sept cordes.

Les résultats des deux auteurs, sur le produit des baliveaux, sont, en raison inverse, à peu près aussi disparates. Je crois superflu de s'y arrêter.

M. Juge de Saint-Martin, correspondant de la société royale d'agriculture de Paris, donne sur l'accroissement des taillis un tableau qui diffère, et de celui de Duhamel, et de celui de M. d'Acosta (*Traité de la culture du Chéne*, Paris, 1788, pag. 206 et suiv.).

Tableau des accroissemens successifs d'un arpent pendant quarante ans ; extrait de l'ouvrage de M. Juge de Saint-Martin.

ANNÉES.	GROSSEUR des BRINS.	CORDES.	FAGOTS.	VALEUR.	
				l.	s.
10	7 pouc.	»	1000	90	»
15	· 8 $\frac{1}{2}$	»	1250	112	10
20	11	8	500	141	»
25	14	12	700	217	»
30	15	18	950	301	10
35	. . . .	25	1200	418	»
40	{ 20	26	1200	} 527	»
	{ Plus, 100 pièces d'équarrissage à 1 liv. }				

Ainsi , suivant cet auteur, les couches annuelles seraient moyennement d'une ligne et demie pendant les dix premières années, de trois cinquièmes de ligne pendant les cinq années suivantes , d'une ligne depuis quinze à vingt ans, d'une ligne un cinquième de vingt à vingt-cinq ans, d'un cinquième de ligne seulement de vingt-cinq à trente ans, et d'une ligne juste depuis trente à quarante ans.

Ces faits discordans, ces différences énormes dans les résultats, ces qualités mal définies de *bon* et de *mauvais*, données comme absolues, tandis qu'elles ne sont que relatives; ces contradictions répandues malheureusement en trop grand nombre dans nos livres sur l'agriculture, désolent l'agronome qui veut étendre ses connaissances, et rebutent le propriétaire peu expérimenté qui cherche à s'instruire.

Qu'il eût été à désirer, relativement à l'objet qui nous occupe, que Buffon ne se fût pas contenté du souhait qu'il formait pour qu'on donnât de la précision à une règle sur l'âge où l'on doit couper les taillis! Il n'avait plus qu'un pas à faire pour que son souhait fût rempli par lui-même, puisqu'il avait déjà conçu et développé cette belle idée du point d'accroissement, de ce *maximum qu'il faut saisir pour tirer d'un taillis tout l'avantage possible*. Il ne s'agissait plus que de chercher un instrument qui mesurât ces accroissemens successifs avec exactitude, et à l'aide duquel on pût déterminer ce *maximum* par la voie du calcul.

Mais l'homme de génie considère l'ensemble de l'objet qu'il médite, se contente d'en saisir les principaux rapports, les décrit en les généralisant, et s'arrête rarement sur les détails, à moins qu'il ne se propose de s'élever par eux à de grands résultats. L'agronome, nécessairement plus timide, parce que la plus légère omission peut l'entraîner dans de fortes erreurs, dirige sa marche en sens contraire. Aucun détail ne doit lui être indifférent; et s'il s'élève quelquefois aux grands principes de la physique, ce n'est que pour y trouver un point d'appui d'où il puisse descendre avec sûreté aux moindres particularités de l'art pratique dont il s'occupe. Mais, persuadé qu'on ne peut s'égarer en suivant une route que le plus grand philosophe du siècle nous a tracée, c'est après m'être pénétré de ses principes, c'est d'après ses propres idées, que je vais m'efforcer de résoudre le problême que lui-même a proposé.

Développement des données du problême.

Pour plus de clarté, nous réduirons la question à ses plus simples élémens. Ainsi je ne considérerai les taillis que comme bois de chauffage, je ferai abstraction de tous les autres usages auxquels ils pourraient être employés. Je ferai également abstraction des baliveaux, non-seulement parce que je les crois plus nuisibles qu'avantageux, et qu'on a des moyens plus économiques et plus sûrs de se procurer, en quantité suffisante, des bois de service d'une meilleure qualité, mais parce que cette donnée de plus compliquerait inutilement la question.

Nous commencerons par examiner ce qui arrive à un taillis fraîchement coupé. Il jette, dès la première année, une quantité innombrable de surgeons dont à peine il doit subsister la centième partie par la suite. Comme les souches ont été coupées à fleur de terre, et qu'il doit se former de nouveaux yeux, leur développement est plus tardif que celui des boutons d'un ancien taillis. Néanmoins, et par la raison que les racines fournissent une nourriture surabondante, l'élancement des branches est plus accéléré, les feuilles sont plus larges, leur fanage est plus brillant, et le cours de la séve ne s'arrête qu'à l'approche des premières gelées. Aussi ces jeunes tiges, encore herbacées, sont très-sensibles aux gelées de l'hiver suivant, et, s'il est rigoureux, il en périt beaucoup.

Lorsque l'entrée du bois est soigneusement interdite au bétail, lorque le terrain est fertile, et sur-tout profond; lorsque les souches sont très-rapprochées, comme en Bresse, où la plupart des taillis annexés aux domaines se coupent tous les neuf ans, le bois, dès la quatrième ou la cinquième année, est si fourré, qu'il est presque impénétrable.

Cependant, si vous faites effort pour vous y introduire, vous appercevrez les nuances les plus fortes dans la grosseur des jeunes pousses : vous en verrez qui varient depuis un jusqu'à quatre et cinq pouces de tour. A cette époque la partie ligneuse a encore peu de densité, et les fortes gelées sont toujours à craindre. On doit s'attendre que tout le menu bois sera étouffé par la suite, soit par défaut d'air, soit plutôt par défaut de nourriture.

A l'âge de huit à dix ans, le taillis commence de lui-même à s'éclaircir, mais il y reste encore beaucoup de brindilles qui périraient indubitablement, si l'on en différait la coupe. J'ai jugé que les principaux brins pouvaient être alors moyennement à la distance de trois pieds entre eux, et que l'arpent contiendrait plus de cinq mille brins, si le bétail, le gibier et les maraudeurs n'y portaient aucun dommage, et s'il ne s'y rencontrait absolument aucune clairière, ce qui est fort rare.

Un taillis de dix ans ressemble à un carré de pépinière dont on n'aurait espacé les arbres qu'à trois pieds en tous sens. Cet espace est suffisant pour qu'ils y acquièrent six à sept pouces de gros ; mais, passé ce point, ils languissent et grossissent peu, parce qu'ils se dérobent mutuellement la nourriture. J'en ai la preuve sous les yeux. J'ai dans mes pépinières un carré de frênes plantés depuis neuf ans. Ceux qui bordent une allée principale, où ils ont pu étendre leurs racines, ont onze à treize pouces de grosseur, tandis que ceux de l'intérieur n'ont que six à sept pouces au plus.

Il en est certainement de même d'un taillis. Je m'en suis convaincu par une épreuve que j'ai faite il y a trois ans. Je venais d'acquérir un petit taillis d'environ deux arpens, essence de chêne, et attenant ma maison de campagne. Il avait sept ans, et il était très-fourré. Je l'ai fait éclaircir : j'ai laissé subsister les plus beaux brins ; mais j'ai abattu les brindilles, et même les brins qui n'étaient pas au moins à la distance de quatre pieds. J'estime que ceux que j'ai laissé subsister sont à six pieds moyennement, et que l'arpent en contient quatorze à quinze cents. Je puis assurer que ce taillis a pris au moins cinq pieds d'élévation en trois ans, et j'ai été si satisfait de ce succès, que j'ai fait exécuter, depuis, de semblables éclaircies sur des taillis plus âgés et plus étendus (1).

(1) Ce fait que je rapporte n'a pas été ma première tentative en ce genre. Dans une terre dont mon père m'avait confié l'administration, j'avais ouvert, en face de la maison, une allée principale, dont l'un des côtés bordait une futaie, l'autre un taillis, qu'on était dans l'usage de couper tous les neuf ans. J'en suspendis la coupe, et y fis quelques éclaircies, moins, à la vérité, par des raisons d'économie et d'un meilleur aménagement, qu'à dessein de donner plus de grace à l'allée. Ce bois peut avoir aujourd'hui (1790) quarante ans. Je ne dirai pas qu'il soit aussi élevé ni aussi beau que l'ancienne futaie ; mais je puis dire qu'actuellement les deux côtés de l'allée sont assez d'accord à l'œil pour produire un bel effet.

La futaie dont je parle avait été jardinée autrefois, il s'y trouvait des clairières. Persuadé qu'elles pouvaient être rétablies par quelque artifice, persuadé également que c'est moins l'ombre qui s'oppose à la reprise des arbres dont on veut regarnir les clairières, que les racines des arbres voisins, qui, rencontrant une terre fraîchement ameublie, s'y jettent avec abondance et affament le nouvel arbre, j'imaginai de ne point planter mes remplacemens dans un creux, mais sur une élévation. A cet effet je faisais tracer au cordeau deux cercles concentriques, l'un de trois, l'autre de quatre pieds de rayon ; à l'aide de ce tracé, l'on creusait autour du centre commun, où l'arbre devait être placé, un petit fossé d'un pied de largeur sur douze à quinze pouces de profondeur, et l'on couvrait l'aire du cercle intérieur avec la première couche de gazon extraite du petit fossé. On plaçait l'arbre sur cette terre remuée, de manière que ses racines se trouvaient à six pouces environ au-dessus du sol naturel, qu'on n'avait garde de défoncer. En achevant le fossé, on en rejettait les terres sur les racines. L'opération achevée, l'arbre paraissait planté sur un cône surbaissé, ou sur une large taupière. Cette plantation ne me revenait qu'à environ deux sous et demi par arbre.

Il faut intercepter le prolongement des racines qui se rencontrent dans le petit fossé, en les coupant avec soin, ce que mes ouvriers exécutaient avec assez d'adresse, dans un terrain privé de pierres et de cailloux, en se servant d'une petite bêche très-tranchante qu'ils nomment un *rochet*.

J'essayai de planter de la sorte des ormes, des merisiers, des frênes, des tilleuls, des platanes, du sorbier des oiseleurs, des érables, des châtaigniers, des peupliers, et jusqu'à un tulipier. Les châtaigniers ne reprirent

Ces éclaircies n'ont tout au plus rendu que le double des frais de l'exploitation , et cela devait être , vu la jeunesse du bois , et la difficulté que trouvaient les ouvriers à le façonner et à le sortir. . Mais les frais et le produit eussent-ils été au pair , ces ouvriers ont été employés utilement pour eux-mêmes , et ce menu bois , qui aurait péri sur place , et qui n'eût servi qu'à retarder l'accroissement des brins que j'ai laissé subsister , n'a pas été perdu pour la consommation.

Dans quelques années , si je reconnais que l'épaisseur des couches se ralentit , je me propose de faire une seconde éclaircie , et de donner aux brins la distance moyenne de sept pieds. Alors l'arpent contiendra réellement les neuf cents brins qu'a supposé Duhamel. Cette coupe sera plus lucrative que la

pas , quoiqu'il y en eût de gros dans la futaie ; les peupliers , après avoir poussé , languirent et périrent ; les frênes , les ormes , les merisiers et les platanes réussirent le mieux. Plusieurs ormes jettèrent des branches de plus de cinq pieds dès la première année ; mais le tulipier , très-rare alors , y fit des progrès surprenans. J'étais attaché à cet arbre , que j'avais constamment cultivé moi-même , et que j'avais apporté de Paris dans un pot. Quoique très-petit lorsque je m'avisai de le planter en plein bois , il y avait acquis, en peu d'années , plus de quatre pouces de diamètre , et une élévation proportionnée. Quand la terre fut vendue , je me réservai la faculté de l'arracher. J'étais absent , on y procéda mal ; il fut transporté dans un lieu sec , il a péri.

La plantation que je viens de décrire demande de l'attention. Si l'on n'a pas soin de rafraîchir les fossés , ils se comblent , alors les racines coupées n'en repoussent que plus fortement. Les petites buttes exigent aussi d'être labourées tous les ans , jusqu'à ce que l'arbre soit fort ; non-seulement afin qu'il acquière plus d'accroissement et de vigueur en moins de tems , mais afin que la terre remuée boive l'eau des pluies. Sans cette précaution , l'eau glisse sur la butte comme sur un toit , sur-tout si le terrain contient de l'argile , et l'arbre périt de soif. Dans les lieux bas , au contraire , les eaux séjournent dans le fossé , morfondent les racines, et la butte se couvre de mousse. L'acquéreur , peu instruit de ces précautions indispensables , les a négligées. J'ai revu la suite de ces épreuves il y a peu d'années ; plusieurs buttes subsistaient encore , quelques arbres plus avantageusement placés que les autres témoignaient de la vigueur , mais la plupart avaient péri.

Quoique cette expérience n'ait qu'un faible rapport avec l'objet de ce mémoire , j'ai espéré qu'on voudrait bien m'en passer le récit dans une note où je l'ai réléguée.

première, parce que le bois sera plus gros, et que l'exploitation et la sortie en seront plus faciles.

Enfin, si, lorsque le taillis aura vingt-cinq ans, on se contente d'en abattre les trois quarts, il restera par arpent deux cents vingt-cinq arbres choisis, bien venans, élancés, vigoureux, qu'on pourra laisser croître en futaie, en les éclaircissant encore par la suite, jusqu'à ce qu'il n'en reste que le tiers (1), et qui remplaceront avec avantage ces baliveaux destructeurs auxquels les officiers des maîtrises paraissent si attachés, on ne sait pas pourquoi ; car si le terrain a peu de fond, à quoi bon réserver des baliveaux? Il n'y croîtra jamais un arbre de service. Si le terrain a de la profondeur, et que le taillis se coupe tous les neuf ans, comme en Bresse, quel service attendre d'un arbre à tête de pommier, sur une tige de dix à douze pieds d'élévation ? Si les coupes ont été réglées à vingt ans, et que le taillis ait cru dans un vallon serré qu'on nomme une *combe* en Bourgogne ; outre qu'une tige de vingt pieds au plus dédommagera faiblement le propriétaire du terrain qu'elle aura occupé, elle entretiendra sur ce vallon une humidité pernicieuse, et les effets de la gelée n'en seront que plus funestes. Les baliveaux ne sont donc tolérables tout au plus que dans les taillis que l'on coupe de trente à quarante ans ; mais, dans ce cas, comme ces coupes prolongées annoncent une nature de terre excellente, ce n'est plus en taillis qu'il est avantageux de laisser croître ce bois, c'est en futaie.

M. d'Acosta, l'un des plus grands partisans des baliveaux, convient lui-même que les marchands de bois qui approvisionnent Paris, exploitent pour le chauffage, et tirent peu à la charpente (page 69). Et

____

(1) Une personne très-éclairée, sur-tout très-exercée à parcourir les bois, m'a assuré qu'elle avait, à diverses fois, pris plaisir à compter le nombre des arbres contenus dans un arpent de belle futaie, et qu'elle avait trouvé pour terme moyen le nombre 69. On trouvera dans le second mémoire une méthode plus détaillée d'établir une futaie sur taillis.

l'on remarquera que cet auteur parle d'un canton où le bois grossit de seize lignes annuellement. Lorsqu'on fera attention à la très-grande différence entre le prix d'un pied cube de bois de service, et d'un pied cube de bois pour le feu, pourra-t-on concevoir comment les adjudicataires des ventes *exploitent pour le chauffage et tirent moins à la charpente*, si les baliveaux sont d'un aussi excellent service que M. d'Acosta le suppose ?

Je crois la méthode que je viens de décrire, particulièrement applicable aux taillis, qu'on a été jusqu'ici dans l'usage, en Bresse, de couper tous les neuf ans. A l'égard des bois, dont les coupes ont été réglées de tout tems à vingt ou vingt-cinq ans, peut-être l'époque de la première éclaircie doit-elle être retardée, peut-être même sera-t-il à propos de n'en faire qu'une, parce que les souches étant plus séparées et les clairières plus fréquentes, il y a plus d'espace pour nourrir les jeunes brins, et qu'il y croît par conséquent moins de brindilles.

J'en juge par plusieurs *tronchées* (amas d'arbres étronçonnés) que j'ai fait abattre dans mes domaines pour les transformer en taillis, et dont je compare les souches à celles des bois que l'on ne coupe qu'à trente ou quarante ans. Ces nouveaux taillis ne sont devenus touffus qu'après la seconde coupe, et je ne me suis pas bien trouvé d'en avoir éclairci quelques-uns trop tôt ; car, pour que les brins s'élancent en hauteur et grossissent tout à la fois, il faut qu'ils ne soient ni trop, ni trop peu serrés.

Ces éclaircies doivent se faire à la journée, non à forfait, en présence du maître, ou tout au moins d'un homme affidé. Il ne faut jamais abandonner la dépouille qui en provient, aux ouvriers, en déduction du prix de leur travail ; les raisons en sont trop sensibles pour qu'il soit besoin de les expliquer (1).

(1) Mes ouvriers emploient une espèce de serpe attenant à un manche d'environ six pieds, qu'ils appellent un *goyard*, et dont ils se servent

Mais que les taillis aient été éclaircis ou non, la règle que nous allons établir pour connaître l'époque de leur plus haut point d'accroissement, leur sera également applicable. On peut seulement prévoir qu'un bois éclairci et aménagé comme je viens de le décrire, ne parviendra à son *maximum* d'accroissement que fort long-tems après le terme où un bois abandonné à lui-même aurait atteint le sien et commencé à décroître ; parce que chaque brin se trouvant plus au large, participera, en quelque sorte, à l'avantage des arbres isolés, dont l'accroissement, toutes choses égales d'ailleurs, est le plus rapide de tous.

Cependant il vient un tems enfin où les brins, quelle qu'ait été leur distance première, sont tellement rapprochés les uns des autres, proportionnellement à leur grosseur acquise, que l'espace qu'ils occupent n'est plus suffisant à leur nourriture. Alors, nécessairement, leur grossissement commence à se ralentir, et diminue ensuite progressivement ; car, supposons les brins d'un taillis de l'âge de trente ans à la distance moyenne de sept pieds entre eux ; supposons-leur trente pieds d'élévation et sept pouces et demi de diamètre, à raison de neuf lignes de grossissement moyen par année, on conçoit qu'ils seraient déjà trop rapprochés pour ne pas se nuire réciproquement, et pour que ceux d'entre eux qui se trouveraient d'un tempérament plus fort, ne finissent pas à la longue par étouffer les plus faibles ; et c'est ainsi que s'établissent la plupart des futaies dans les cantons de réserve. Mais ces futaies seraient incomparablement

avec adresse pour plisser les buissons de clôture , c'est-à-dire , pour les tailler , les rétrécir et les plier ; lorsqu'ils se voyaient gênés , ils employaient la *goyarde* , autre serpe plus petite et qui n'a qu'une poignée. Rarement se servaient-ils du hachon et de la hache. Quelquefois ils faisaient usage du croissant , espèce de faucille armée d'un long manche , lorsqu'il était question d'abattre par un coup sec , et assené de bas en haut , une branche nuisible sur un brin à conserver. Les outils doivent être abondans et bien affilés , sans quoi l'ouvrage languit.

plus belles et plutôt formées, si l'on avait la précaution de les éclaircir, parce que les plus faibles disputent long-tems le terrain, et ralentissent pendant plusieurs années les progrès des brins vigoureux. Aussi voyons-nous qu'à terrain égal le grossissement annuel des arbres d'avenue, ou des arbres crus en futaies, s'ils y sont suffisamment espacés, excède du double, et quelquefois du triple, le grossissement d'un brin cru dans un taillis, où il se trouve trop gêné proportionnellement à son volume.

On reconnaît déjà deux *maximum* qu'il faut bien se garder de confondre : le *maximum* d'un arbre considéré individuellement, et le *maximum* d'un taillis considéré en masse.

Le *maximum* individuel se prolonge jusqu'à l'instant où l'arbre commence à s'altérer dans le cœur. Mais il sera peu question du *maximum* individuel dans ce mémoire, puisqu'il ne concerne que les arbres de futaie et d'avenue.

Le *maximum* d'un taillis considéré en masse se soudivise en simple et en composé.

Le simple, que l'on pourrait également nommer *maximum* physique ou absolu, est le point où, indépendamment de toute adjonction étrangère, l'accroissement du taillis commence à décliner physiquement.

Dans le *maximum* composé il entre une donnée de plus, savoir, l'intérêt pécuniaire qu'eût rapporté le prix du taillis vendu, et dont on est privé lorsqu'on diffère la vente. Nous ne nous occuperons du *maximum* composé, qu'après avoir établi la théorie du *maximum* simple.

Théorie du plus haut point d'accroissement physique d'un bois taillis, ou de son maximum *simple.*

Buffon porte en général le *maximum* « à l'instant » où l'accroissement du bois commence à diminuer. « C'est

» C'est le point, dit-il, qu'il faut saisir pour tirer de
» son taillis tout l'avantage possible ».

Je crois que le mot *accroissement* demande une
interprétation, afin d'éviter qu'on ne le confonde avec
celui de *grossissement ;* car le grossissement peut
avoir commencé de décroître, comme nous l'allons
voir, quoique l'accroissement continue d'augmenter.
Rendons ceci sensible par un exemple, auquel je
prie de faire d'autant plus d'attention, que les principes que nous allons y établir, et les conséquences
qui en dérivent, sont la base de la résolution du
problême proposé.

Soit un brin de taillis, de l'âge de vingt ans, qui
ait grossi de 12 lignes par année commune.

Sa circonférence sera de 240 lignes, son diamètre
de 80 lignes (environ), et le carré de ce diamètre de
6400 lignes carrées.

Divisez ces 6400 lignes carrées par 20, le quotient
vous donnera 320 lignes carrées, nombre qui exprime
une quantité proportionnelle à celle dont ce brin a
cru moyennement chaque année (1).

Supposons que le grossissement de ce brin commence à décroître à cette époque, et qu'amaigri
successivement par le voisinage des brins voisins, il
ne prenne plus que 11 lignes de gros à la vingt-
unième année, 10 lignes à la vingt-deuxième, 9 lignes
à la vingt-troisième, 8 lignes à la vingt-quatrième,
7 lignes à la vingt-cinquième, etc.

Ce brin, par la supposition, aura, à vingt-un ans,
251 lignes de circonférence, ou 83 lignes et demie de
diamètre, dont le carré est égal à 7000 lignes carrées

___

(1) Les cercles, et par conséquent les cylindres de même hauteur,
étant entre eux comme les carrés de leur diamètre, il est clair que je puis
raisonner d'après les carrés des diamètres comme d'après les solides eux-
mêmes ; puisqu'ils sont proportionnels, les conséquences sont absolument
les mêmes, les résultats absolument semblables ; je ne me servirai même
plus par la suite des mots de *quantité proportionnelle*, afin d'abréger
l'expression. Je ne fais cette note que pour les agriculteurs qui ne seraient
pas familiarisés avec les règles de proportion.

(plus une fraction que je néglige); mais les cylindres de même hauteur sont entre eux comme les carrés du diamètre de leur base; donc le brin de vingt ans est au brin de vingt-un ans comme 6400 est à 7000.

La différence entre 6400 et 7000 est de 600. Donc il y a eu à la vingt-unième année beaucoup d'accroissement, quoique le grossissement ait diminué, puisque jusque là l'accroissement moyen, calculé sur vingt ans, n'avait été que de 320, et que nous le trouvons de 600.

On peut faire un calcul semblable pour chaque année; mais, afin d'abréger l'exemple, passons tout de suite à la vingt-cinquième année.

Par la supposition, le brin aura en circonférence, premièrement les 240 lignes qu'il avait à l'âge de vingt ans, plus 11, plus 10, plus 9, plus 8, plus 7 lignes de grosseur acquises pendant les cinq années suivantes : total, 285 lignes. Son diamètre alors sera de 95 lignes, et le carré de ce diamètre sera égal à 9025 lignes carrées. Divisez 9025 par 25, vous aurez au quotient 361, nombre qui représente l'accroissement moyen pris sur vingt-cinq ans.

Sur quoi deux remarques importantes à faire : la première, que, malgré la diminution successive dans le grossissement, l'accroissement moyen est néanmoins plus fort qu'il ne l'était à l'âge de vingt ans, puisqu'il n'était alors que de 320 lignes, et que nous venons de le trouver de 361.

2°. Que l'accroissement total était représenté, à l'âge de vingt ans, par le nombre 6400, et, cinq ans après, par le nombre 9025; différence très-forte, et qui montre déjà l'avantage qui se trouve d'avoir différé la coupe.

A la vingt-sixième année, le brin, par la supposition, aura 291 lignes de circonférence, 97 lignes de diamètre, dont le carré est égal à 9409 lignes carrées.

La différence entre 9025, carré du diamètre d'un brin supposé à vingt-cinq ans, et 9409, carré de ce même brin supposé à vingt-six ans, n'est plus que de 374 lignes carrées. Mais l'accroissement moyen de ce brin, à l'âge de vingt-cinq ans, était de 361 lignes ; donc il n'y a plus de bénéfice à suspendre la coupe ; donc, à l'âge de vingt-cinq ans, il avait acquis, à fort peu de chose près, son plus haut point d'accroissement (1).

Cette démonstration est la base de ce qui me reste à dire. Ce qui a été démontré à l'égard d'un seul brin est applicable à tous les brins à la fois qui composent un arpent de taillis, quel que soit le grossissement que l'on suppose à chacun d'eux, et quel que soit l'âge du bois. Les données, et conséquemment les résultats, peuvent être différens, mais les principes, mais la formule du calcul sont et demeurent essentiellement les mêmes.

Tous les brins d'un taillis ne se ressemblent pas sans doute, ils sont inégaux en grosseur ; aussi ne proposé-je pas de juger de tout un taillis par un seul individu ; mais on en jugera par une approximation qui s'éloignera très-peu de l'exactitude rigoureuse, si l'on choisit un certain nombre de brins dans les différentes classes de grosseur, et les différentes espèces d'arbres qui forment l'essence du taillis, pour

*(1) On conçoit que si le déclin du grossissement se fait avec plus de lenteur, le *maximum* sera nécessairement prolongé. Par exemple, en supposant que le grossissement se soit maintenu uniformément jusqu'à l'âge de vingt ans, et qu'à dater de cette époque il n'ait décliné que d'une demi-ligne par an, on demande à quel âge ce taillis aura acquis son *maximum*. Le calcul démontrera que c'est à trente-trois ans ; car,

Par l'hypothèse, la circonférence, à trente-deux ans d'âge, $= 240 + 105 = 345$.

Le diamètre $= 115$.

Le carré de 115 $= 13225$.

13225, divisé par 32, $= 413$. Ce dernier nombre représente l'accroissement moyen pendant trente-deux ans.

A trente-trois ans d'âge, la circonférence $= 350$ et demi.

Le diamètre $= 116$ cinq sixièmes.

Le carré du diamètre $= 13650$ un trente-sixième.

La différence de 13650 à 13225 est de 425, qui s'éloigne très-peu de 413, accroissement moyen des trente-deux années précédentes.

en former une moyenne proportionnelle , et la soumettre au calcul d'après la formule suivante.

I. Choisissez vingt brins , ou tel nombre que vous voudrez. Vous les désignerez , numéroterez et décrirez de manière qu'on puisse aisément les reconnaître aux années suivantes.

II. Mesurez le diamètre de chacun d'eux , au moyen du compas courbe (1). Prenez votre mesure constamment à la même hauteur , à trois pieds , par exemple ; et parce que les arbres ne sont jamais parfaitement ronds , mesurez-les par leur plus grand diamètre ; l'opération s'en fait plus facilement.

III. Carrez chacun de ces diamètres.

IV. Additionnez les 20 produits : formez-en un total.

V. Divisez ce total par le nombre de brins choisis.

VI. Divisez le quotient de votre première division par le nombre des années du taillis. Ce dernier nombre , ou second quotient , vous donnera la moyenne proportionnelle , ou croissance moyenne du taillis , pendant les années qui ont précédé le mesurage.

VII. Recommencez la même opération une année après , et à la même époque. Comparez les deux quotiens de l'art. VI ; leur différence vous donnera juste l'accroissement du taillis pendant la dernière année.

Exemple. Soit un taillis âgé de quinze ans , dont il s'agit de reconnaître l'accroissement pendant la seizième année.

(1). On choisira cinq brins parmi les petits , dix parmi les moyens , cinq parmi les grands.

(2). (3). (4). Supposons que le mesurage soit conforme à ce qui est indiqué dans le premier tableau.

(5). Divisez 27980 par 20 , nombre des brins choisis ; le quotient 1399 peut être considéré comme moyenne proportionnelle , ou le brin moyen de tous les brins du taillis.

(1) Voyez la planche à la fin du mémoire.

(6). Enfin, divisez 1399 par 15, nombre des années du taillis, vous aurez pour quotient 93 quatre quinzièmes, et ce dernier nombre exprimera le grossissement moyen du taillis pendant chacune des quinze années.

(7). Recommencez un semblable mesurage, sur les mêmes numéros, l'année suivante, et supposons que chaque numéro ait grossi, pendant la seizième année, conformément au second tableau (page 42).

41827, divisés par 20, nombre des brins, donnent au quotient 2091 sept vingtièmes, qui, divisés par 16, nombre des années, donnent au quotient 130 un seizième.

Donc l'accroissement de la seizième année excède l'accroissement moyen des quinze premières années dans le rapport (en négligeant les fractions) de 130 à 93, c'est-à-dire, de plus d'un tiers en sus.

Continuez chaque année les mesurages, jusqu'à ce que le calcul prouve qu'il n'y a plus de différence entre le dernier accroissement, et l'accroissement moyen pris sur toutes les années précédentes ; alors le taillis sera parvenu à ce point, à cet instant, passé lequel il n'y aurait presque plus que de la perte à en différer la coupe.

Théorie du maximum *composé.*

Nous ne nous sommes occupés jusqu'ici que du *maximum* simple, absolu, physique, tel que la nature le donne. Mais nous avons annoncé (page 16) qu'il y avait un *maximum* composé, et que, dans celui-ci, il entrait une donnée de plus à laquelle il fallait avoir égard.

Un propriétaire ne coupe pas toujours son bois pour le consommer ; plus ordinairement il ne l'abat que pour le vendre. S'il diffère, il perd l'intérêt du prix de la vente ; et s'il diffère pendant plusieurs années, ces intérêts s'accumulent et deviennent considérables.

Il est donc question de s'assurer, par le moyen du calcul, si la mieux-value qu'il obtiendra en différant sa coupe, le dédommagera surabondamment de la perte qu'il est dans le cas de faire sur les intérêts, et comment il doit agir en économe attentif.

Rendons l'explication de cette hypothèse sensible par un exemple; et pour résoudre ce nouveau problême, nous prendrons pour la moyenne proportionnelle d'un bois taillis de seize arpens, un brin qui grossisse uniformément de 4 lignes de diamètre par an. Nous supposerons la valeur de ce taillis égale à 1600 liv., à raison de 100 liv. par arpent de l'âge de dix ans.

La première colonne (*troisième Tableau*) marque le nombre des années du taillis.

La seconde colonne donne l'accroissement successif du diamètre de la moyenne proportionnelle, à raison de 4 lignes par an.

Le carré de chacun de ces diamètres est calculé dans la troisième colonne, et chaque ligne carrée, par l'hypothèse, équivaut à 20 sous.

La quatrième colonne indique la quantité de lignes carrées dont le carré du diamètre a augmenté, chaque année, sur l'année précédente.

La sixième colonne exige une explication. Puisque le taillis valait par l'hypothèse 1600 liv. à la fin de la dixième année, il est clair que sa production a été, par année commune, de 160 livres, et que, s'il eût été coupé et vendu à dix ans, le terrain eût acquis, à la onzième année, une valeur égale à ces mêmes 160 liv. Or, on se prive de cette valeur en s'abstenant de le couper à la fin de la dixième année. Voilà ce que j'ai appellé (colonne 6e.) *valeur perdue par la non-reproduction.*

Cette perte s'exprime par le quotient d'une division dont la valeur acquise par le bois depuis sa dernière coupe est le *dividende*, et le nombre des années qu'il a vécu, le *diviseur.* Ainsi, dans l'hypothèse, à la douzième année, cette perte est exprimée par 176, quotient de 1936 (valeur du taillis à l'âge de onze ans), divisé par 11. Semblablement, à la treizième année, cette perte est exprimée par 192, quotient de 2304, divisé par 12 ; ainsi des autres.

Mais cette perte, ou plutôt cette déduction, commune au *maximum* simple et au *maximum* composé, est encore augmentée, dans le *maximum* composé, par la perte des intérêts du prix de la chose non vendue. Ce sont ces intérêts dont il est fait mention dans la colonne 7 ; ils augmentent, comme on voit, en proportion de ce que la valeur du taillis a augmenté pendant toutes les années qui ont précédé l'année quelconque d'où l'on part pour supputer cette valeur.

La colonne 8 donne le total des deux pertes prises ensemble.

Enfin la colonne 9 fait la balance de la mieux-value de l'accroissement annuel (mentionné à la colonne 4), avec le total de la perte.

Ce tableau démontre qu'à supposer qu'un taillis croisse d'une manière uniforme, sans augmenter ni diminuer son grossissement annuel, alors le *maximum* composé, le plus haut point d'accroissement utile que l'on cherche, se trouve à la fin de la vingt-unième année, puisqu'en ne coupant qu'à la vingt-deuxième, on commence à être en perte.

Que le grossissement soit lent ou prompt, pourvu qu'il soit uniforme, le *maximum* composé n'en portera pas moins constamment sur la vingt-unième année. Les mêmes principes et les mêmes conséquences s'appliquent à l'une comme à l'autre hypothèse.

Voyez la Table quatrième, où, à l'uniformité près dans le grossissement de la moyenne proportionnelle, toutes les autres données sont différentes, mais le résultat est absolument semblable.

D'où provient donc cet axiome et ce principe dont l'expérience confirme la justesse, que les coupes doivent être plus rapprochées dans les mauvais terrains que dans les bons ? C'est uniquement parce que dans les mauvais sols les brins s'affament, mutuellement, beaucoup plus vite que dans les sols riches et profonds, et que le grossissement des tiges cesse beaucoup plutôt d'être uniforme. Dans cette occurrence, un propriétaire attentif pourra se servir avec succès de la méthode que j'ai indiquée, afin d'étudier et de reconnaître, par des mesurages, le tems où il convient de couper.

Mais il n'en est pas moins vrai et démontré que, tout excellent que soit un terrain, le *maximum* utile au propriétaire qui veut vendre, ne se prolonge pas au-delà de la vingt-unième année, à moins qu'au moyen des éclaircies dont j'ai parlé, le grossissement, après vingt ans, loin de se ralentir, augmentât ; qu'au lieu, par exemple, de continuer d'être de 12 lignes moyennement, il s'élevât à 14 ou à 16. Cela peut arriver, il y a même des probabilités que cela arrivera ; mais l'expérience peut seule nous éclairer à cet égard, et je ne crois pas qu'elle ait été faite (1).

(1) Voici cependant une observation qui annonce qu'à cet égard mon opinion n'est pas hasardée.

J'ai fait abattre, en Novembre 1789, un orme de l'âge de trente-neuf ans, pour des expériences relatives à mon travail sur les qualités individuelles des bois. Cet orme avait cru dans un très-bon fonds autrefois en futaie. Les arbres de cette futaie étant clair-semés, d'une grosseur très-inégale, et plusieurs d'entre eux étant sur le retour, je fis, en 1776, une coupe blanche, et ne réservai pour baliveaux que quelques jeunes ormes. Ce canton, d'environ vingt-cinq arpens, est devenu un excellent taillis. L'orme dont je parle avait été gêné vraisemblablement dans sa première croissance. Le lendemain du jour où il fut abattu, j'en fis couper une tranche perpendiculairement à son axe, pour connaître son âge, et observer de combien serait sa retraite. La tranche portait 15 pouces à son plus grand, et 12 pouces 7 lignes à son plus petit diamètre. La retraite causée par le desséchement, qui n'est pas encore complet, est de 3 lignes sur chacun de ces diamètres. Mais il est singulièrement remarquable que le grand diamètre avait augmenté, en treize ans, de 8 pouces 4 lignes, et le petit de 5 pouces 11 lignes, tandis que la grosseur acquise pendant les vingt-six années précédentes n'a été que de 6 pouces 5 lignes, tant à l'égard du grand que du petit diamètre. Ainsi le grossissement moyen des

L'usage , presque généralement suivi en France par les grands propriétaires , de régler la coupe de leurs taillis à vingt ans, s'éloigne donc fort peu , comme on voit , de ce qu'annonce notre théorie par rapport au *maximum* composé. Il me semble que cela devait être. Des calculs par approximation , souvent répétés , ont dû naturellement conduire à des résultats peu différens de ceux que nous avons rigoureusement démontrés.

Remarques particulières , et réponse à quelques objections.

Les années ne sont pas également favorables à la végétation , et leur vicissitude influe nécessairement sur l'épaisseur des couches ligneuses. Divers accidens, un été froid et pluvieux , ou sec et brûlant , un déluge d'insectes , etc. peuvent déranger la marche ordinaire de la nature ; mais les gelées du printems sont l'événement le plus à redouter pour les taillis. J'ai observé , en 1790 , à quel point ces gelées étaient capables de nuire à l'accroissement des arbres.

Un quinconce de tilleuls que je vois tous les jours, est planté, depuis vingt ans, sur une terrasse à l'exposition du levant et du midi. Parmi ces tilleuls il y en a de précoces ; d'autres, et en particulier deux d'entre eux , sont très-tardifs. Sur la fin d'Avril 1790 , il est survenu une gelée de 3 degrés : les feuilles se sont rembrunies, leur organisation a été dérangée, et leur développement, ainsi que celui des jeunes pousses, a été tellement arrêté, qu'aucunes de ces feuilles, même celles qui ne se sont épanouies que

vingt-six premières années n'a été que d'un peu moins de 9 lignes par an , et celui des treize années suivantes a été de près de 20 lignes. On ne peut douter que ce subit accroissement ne soit dû à la liberté de s'étendre qu'ont eu les racines de l'arbre, depuis que la futaie a été abattue ; et ce que dit Duhamel sur l'accroissement accéléré des baliveaux , confirme cette opinion.

depuis la gelée, n'ont acquis leur volume ordinaire. Elles sont tombées en partie aux mois de Mai et de Juin, une partie a subsisté pendant l'automne; les branches de l'année sont demeurées chétives. Les tilleuls tardifs, au contraire, n'ont point souffert, et ont été très-touffus. Heureusement le chêne est moins hâtif que le tilleul.

En mesurant les arbres pour en étudier le *maximum*, il convient par conséquent d'avoir égard à ces événemens particuliers; sans quoi, d'après le mesurage, on pourrait prendre pour une décroissance permanente, une décroissance qui ne serait qu'accidentelle.

Les expériences que j'ai faites sur les qualités individuelles des bois, m'ont mis dans le cas d'examiner les couches de plusieurs arbres coupées perpendiculairement à leur axe : j'ai souvent observé une couche annuelle fort étroite entre deux couches épaisses; cette différence provient sans doute de quelques-uns des accidens dont je viens de parler. Quelquefois encore j'ai vu des séries de dix à douze couches assez minces, précédées et suivies de couches plus larges. On ne peut guère, ce me semble, attribuer la maigreur des unes et l'embonpoint des autres, qu'à un voisin incommode dont l'arbre se sera enfin débarrassé.

L'expérience, telle que je l'ai proposée, peut être déconcertée par un accident imprévu : un des brins destinés au mesurage peut avoir été écorcé pour en faire de la teinture, ou coupé par un malfaiteur; mais le remède, ce me semble, est à côté du mal : on lui suppléera un autre brin d'un calibre semblable, ou bien on le rayera de tous les calculs précédens; et le seul inconvénient qui puisse en résulter, sera d'avoir une moyenne proportionnelle calculée sur 19 (dans l'hypothèse), au lieu de l'être sur 20.

Si je n'ai eu aucun égard, dans mes calculs, à la hauteur que les taillis acquièrent par succession d'années, ce n'est pas par oubli ; mais j'ai cru pouvoir faire entrer cet accroissement en compensation avec la quantité assez considérable de petits brins étouffés sous la masse des tiges plus vigoureuses. Cependant tout a un terme. Il subsiste assez peu de brindilles dans un taillis de vingt ans ; on y voit encore, à la vérité, quelques brins faibles, mais qui résistent pendant plusieurs années ; à cette époque ce ne sont guère que les branches inférieures d'un jet vigoureux qui se dessèchent sur la tige. Ainsi, passé l'âge de vingt ans, l'accroissement en hauteur d'un taillis pourrait entrer comme donnée utile dans le calcul ; mais cette donnée ne ferait qu'ajouter encore au bénéfice de la prolongation des coupes.

Quoique j'aie dit, au commencement de ce mémoire, qu'en traitant des bois taillis, je ne les considérais que comme bois de chauffage, il n'en est pas moins certain que, dans un taillis de trente-deux ans, il se rencontrera des tiges qui porteront six à sept pouces d'équarrissage.

Plus un taillis est âgé, plus la quantité relative de l'aubier diminue, et celle du bois parfait augmente. Il n'y a presque que de l'aubier dans un taillis de dix ans.

Plus les couches annuelles sont épaisses, et plus, toutes choses égales d'ailleurs, le bois acquiert de force, de densité, de dureté, et moins les couches d'aubier sont nombreuses. (*Voyez les Mémoires de Buffon et Duhamel.*) Il est donc avantageux de faire des éclaircies, puisqu'elles favorisent le grossissement ; et ne serait-ce pas la même cause, l'insuffisance d'alimens, qui, après avoir produit le rétrécissement des couches, produirait aussi cette faiblesse des fibres ligneuses ?

Plus un taillis est jeune, plus il est exposé aux funestes effets de la gelée, de la grêle, aux dégâts du bétail, de la bête fauve. On pare à une partie de ces accidens en prolongeant les coupes ; la dépense pour le rétablissement de la clôture revient aussi moins fréquemment.

Lorsque d'aussi puissans motifs s'opposent à l'anticipation des coupes, comment le pernicieux et intolérable usage d'abattre les bois à l'âge de neuf ans s'est-il introduit et perpétué en Bresse ? En voici, je crois, les raisons.

Autrefois cette province était moins peuplée qu'elle ne l'est aujourd'hui ; la consommation en bois de chauffage était donc moindre.

Les futaies partielles y étaient certainement plus abondantes, puisque l'on voit encore que la plupart des habitations anciennes, tant urbaines que rustiques, sont construites en bois de charpente.

La Bresse a été long-tems sans commerce, et presque inabordable en hiver : le bois de service ne s'exportait pas, faute de débouchés ; mais, depuis la confection des routes, il a été façonné en bois carrés et en merrain, et s'est exporté.

Enfin les défrichemens, encouragés par le haut prix des grains, ont diminué considérablement la quantité des terrains précédemment occupés par les bois ; de sorte que la consommation a augmenté en raison inverse de la reproduction.

Il y a peu de grandes forêts dans cette province. On n'y compte guère que celles qui lui ont été conservées par les maisons religieuses ; car les bois du Roi ne montent pas à plus de 684 arpens, et sont très-détériorés (1).

Quelques privilégiés avaient conservé des bois dans leurs terres, plusieurs particuliers en possèdent encore ; cependant on ne peut, raisonnablement, donner à ces possessions le nom de forêts ; et dans ces derniers tems ces possessions ont été en partie dévastées.

(1) Pour ce passage et plusieurs autres, le lecteur voudra bien se rappeller que ce mémoire a été écrit en 1790, et que l'ouvrage a paru, pour la première fois (en 2 vol. 8º.) en 1792. *Note de l'éditeur.*

De tout tems il y a eu une fort grande quantité de boquetaux, communément de cinq à six., rarement de quinze à vingt arpens, annexés à presque tous les domaines, faisant partie de la ferme, et destinés au chauffage et aux autres usages du fermier. Ces bois, négligés par les propriétaires, parce qu'ils étaient jadis de peu de valeur, ont été abandonnés aux fermiers, qui pouvaient les couper au moins une fois dans le cours de leur bail. Ceux-ci en ont eu peu de soin : la réparation des clôtures est coûteuse, il s'en sont dispensés ; et loin de surveiller leurs pâtres, ils ont toléré qu'ils y conduisissent leur bétail ; de sorte que la plupart de ces boquetaux, anciennement de meilleure essence, ont insensiblement dégénéré en aunaies, dont le bétail rebute la feuille, et qui ne donnent que des fagots peu estimés.

D'autres fermiers, pour avoir tout à la fois du fagotage et un mauvais pâtis, ont converti leurs bois en *tranchées*, manière d'exploiter dont on ne saurait dire trop de mal. Enfin, lorsque la valeur de ces bois a été réduite presque à rien, on s'est déterminé à les défricher.

Le cultivateur, en Bresse, fait beaucoup plus d'usage de fagots que de gros brins : 1°. pour le four ; chaque domaine a le sien, et les préparations du maïs consomment beaucoup de bois ; 2°. pour la *chambre chauffure*, où toute la famille se rassemble. La cheminée est au milieu de cette chambre ; une large pyramide quadrangulaire, dont la pointe s'élève au-dessus du toit, reçoit la fumée ; et comme à la crémaillère pend une énorme chaudière où cuisent les raves, les courges, les farines pour l'engrais du bétail, etc., on a besoin du feu vif et clair que donne le fagot.

C'est ainsi que l'usage de couper les bois tous les neuf ans s'est établi parmi les cultivateurs, et voici comment il s'est pareillement établi et perpétué, même à l'égard des bois de réserve.

Indépendamment des habitans, des fermiers et des grangers-cultivateurs, les campagnes de Bresse sont peuplées de *chambriers*, c'est-à-dire, de petits ménages ne possédant rien ou presque rien, tombés ou prêts à tomber dans la misère, lorsque les tems sont malheureux et que le travail leur manque. Ces *chambriers* se louent pendant la moisson et le tems du battage, et travaillent à la journée en faveur de ceux qui veulent bien les employer pendant l'hiver. Je conviendrai, même avec plaisir, que, lorsqu'on les emploie habituellement, on en trouve de très-fidèles; cependant en général ils achètent le moins de bois qu'ils peuvent.

Lorsque le taillis est très-jeune, le bétail y fait plus de mal que la maraude ; lorsqu'il prend six à sept ans, les maraudeurs y font plus de mal que le bétail; si le taillis est encore plus âgé, il donne lieu à une autre sorte de délit qui n'est pas toujours commis par des *chambriers* : on a besoin d'un manche d'outil, de perches pour suspendre le maïs, d'un essieu, d'un brancard, d'un étai; on va choisir et on abat le brin le plus droit et de la plus belle espérance dans un taillis ancien, qui se trouve par là d'autant plus promptement et complétement dévasté, que les taillis anciens sont plus rares. Voilà pourquoi les propriétaires qui ont quelques taillis en réserve, pour peu que ces taillis soient éloignés de leur habitation, se voient pour ainsi dire forcés de les abattre à neuf ans.

Si, pour en tirer un meilleur parti en les administrant soi-même ; si, pour les mieux clore et pour en suspendre les coupes, on se résout à retirer ces petits bois des domaines, comme le fermier n'est plus intéressé à leur conservation, les délits s'y multiplient. Il faut donc, ou que les bois soient réunis en assez grandes masses pour dédommager de la dépense d'un garde, ou qu'ils soient assez près du possesseur pour qu'on n'ose y causer du dégât sous ses yeux.

Ces divers obstacles rendent l'abus des anticipations des coupes d'une difficulté extrême à déraciner (1). Je n'ai trouvé qu'un moyen de diminuer en partie le mal dont elles sont la source, il m'a même assez bien réussi ; c'est celui de mettre dans le bail à ferme une clause expresse par laquelle, en abandonnant la dépouille du taillis au fermier, le propriétaire se réserve le droit de le faire couper lui-même, et d'y conserver telle quantité de brins qu'il jugera à propos. Cette coupe ressemble à une éclaircie faite un peu largement. Le sacrifice de quelques journées de manœuvres n'est pas considérable, la façon et la sortie du bois abattu demeurant à la charge du fermier. De cette sorte il y aurait assez de bois de petit service pour que chacun, en trouvant chez soi, fût moins tenté de faire des incursions chez autrui, et que les taillis en réserve demeurassent à peu près intacts.

Premier corollaire.

Par toute la France peut-être, en Bresse très-certainement, et sur-tout dans les environs de Bourg, la consommation du bois excède évidemment la reproduction. Déjà, depuis long-tems, nous tirons la plus grande partie de nos bois de service des montagnes du Bugey les plus voisines, que nous dépeuplons de sapins ; et le prix auquel le bois de chauffage

(1) On peut rigoureusement démontrer à quoi monte la perte causée par cette anticipation. D'après ce que nous avons vu (Table troisième), la valeur d'un taillis coupé à neuf ans est à la valeur du même taillis coupé à dix-huit, comme 1200 est à 5184. Mais, attendu que la coupe se ferait deux fois en dix-huit ans, la proportion se trouve réduite au rapport de 2400 à 5184.

La dépouille d'un taillis passablement conservé, de l'âge de neuf ans, se vend, à bon marché, dans la plus grande partie des cantons de la Bresse, 12 liv. par coupée, ou 105 liv. par arpent, ou à raison de 1 liv. 5 s. 6 d. de reproduction annuelle par coupée. Or, 2400 : 5184 : : 12 : 28 un trois centième, et 12 : 1 liv. 5 s. 6 den. : : 28 : 3 liv. 19 s. 6 d. Il y a bien peu de terres à froment, même parmi les meilleures, qui puissent s'affermer à ce prix.

est monté en peu d'années, comparé avec la hausse proportionnellement plus faible qu'ont éprouvé les autres denrées, démontre de la manière la plus alarmante la triste vérité que j'annonce, non pour exciter des troubles, puisque nous tenons le remède en nos mains, mais pour inviter à l'ordre et provoquer la bienfaisance.

La cherté du bois, dira-t-on, depuis près de deux ans, n'a pas sensiblement augmenté (1). Je le veux; mais par quels moyens? Par un ravage affreux qui ruine l'espérance future, par une dévastation qui entraînera après elle de longs repentirs, par un pillage habituel auquel le gouvernement ne saurait apporter une attention trop prompte, et d'autant plus sévère, que les mêmes plaintes, les mêmes réclamations s'élèvent dans tout le royaume.

Tous les expédiens qui diminueront la consommation en la rendant plus économique, tous ceux qui favoriseront la reproduction par des semis, des plantations nouvelles, par la conservation et la culture mieux combinées des anciennes plantations, ne sauraient être négligés. Quelques faibles que l'on suppose, ou que soient, si l'on veut, chacun de ces moyens en particulier, leur réunion leur imprimera de la force. J'en ai déjà développé plusieurs dans un mémoire sur les qualités individuelles des bois; mais le moyen dont je n'avais point encore parlé, mais le plus puissant de tous pour mettre la reproduction des bois en équilibre avec nos besoins, consiste dans la conservation rigide et le meilleur aménagement des forêts devenues aujourd'hui à la disposition nationale.

Les devoirs d'une grande administration, les vues

---

(1) Ce mémoire a été composé au commencement de 1790. Depuis cette époque, le prix du bois de service a doublé, celui du bois de chauffage est augmenté d'un tiers, et le pillage continue. (*Note de l'auteur*).

On a cru devoir ne rien retrancher ni changer dans ces reproches hardis et trop vrais de pillage et de dévastation, qui ont sans doute beaucoup contribué à la perte de l'auteur, l'une des plus célèbres et des plus regrettables victimes de l'anarchie. (*Note de l'éditeur.*)

généralges

générales et profondes qui déterminent ses décisions,
ne sont point circonscrites dans les limites étroites où
peut légitimement, où doit même se renfermer un
simple citoyen, sage, économe. Et telle économie
qui, à l'égard d'un père de famille, serait digne de
louange, pourrait devenir très-blâmable dans un
administrateur qui ne saurait pas la sacrifier à un
grand intérêt public, à un intérêt qui, se perpétuant
d'âge en âge, préviendrait des malheurs de longue
durée, ou préparerait du moins une longue, mais
solide prospérité.

Relativement aux bois, relativement à cet objet
de première importance, s'il n'est pas de première
nécessité, quel est l'état où nous sommes malheureusement tombés, et quel est le point où il nous faut
remonter! Je ne me lasserai point de le répéter, la
consommation des bois excède la reproduction, et il
s'agit de les mettre en équilibre. Le peut-on? Oui,
sans doute, si l'on ne coupe point les bois nationaux
avant qu'ils aient acquis le plus haut point d'accroissement physique, le *maximum* simple.

Pour le prouver, je ne reprendrai point les calculs
que j'ai déjà présentés, qui annoncent que la quantité de bois que donne un taillis de trente ans excède
du double la quantité qu'eût donné ce même taillis à
l'âge de vingt ans; je ne proposerai point aux éco-
nomes que les administrateurs commettront à la régie des bois nationaux, je proposerai encore moins
aux administrateurs eux-mêmes, d'aller, le compas
courbe à la main, chercher la moyenne proportionnelle d'une portion de forêts, pour déterminer au
juste l'époque où il est avantageux de la vendre :
non que cette opération soit ni longue ni pénible, ni
de nature à lasser la patience française; mais c'est
une nouveauté, elle exige des soins, de l'exactitude,
de l'attention, et il peut être permis de supposer aux
sous-ordres qui seraient nécessairement chargés de
l'exécution, à peu près autant de préjugés que de

lumières. Enfin l'expérience fût-elle mille fois plus facile encore, si elle ne se fait pas, ou si elle se fait mal, c'est comme si elle était impossible.

Mais, en attendant que des agronomes exercés et patiens aient vérifié et nous instruisent si la théorie que j'ai développée cadre avec leurs observations, je crois ne pouvoir mieux terminer ce mémoire que par un apperçu rapide de la très-grande différence de *l'intérêt du propriétaire* qui coupe un bois pour le vendre, avec *l'intérêt du consommateur*, c'est-à-dire du public.

Un propriétaire possède un taillis de vingt ans et de la valeur de 3000 liv. ; la production annuelle de ce bois doit donc être évaluée à 150 liv.

Si le propriétaire vend la dépouille de ce taillis à vingt ans, et place à intérêts ces 3000 liv., ils augmenteront encore son revenu de 150 liv.

S'il suspend sa vente, et que la valeur intrinsèque acquise par le taillis pendant la vingt-unième année excède 300 liv., il a bien fait de suspendre.

Si la valeur acquise pendant la vingt-unième année ne s'élève qu'à 250 liv., le propriétaire est en perte de 50 liv., mais la consommation a gagné 100 liv. ; c'est-à-dire, le même terrain qui, si le bois eût été coupé, n'eût reproduit qu'une valeur de 150 liv., en a physiquement produit une de 100 liv. de plus.

Dans ces circonstances peut-on forcer ce propriétaire à suspendre sa coupe ? Non, sans blesser *son intérêt*, et commettre une injustice.

Si un bois semblable était à la disposition du gouvernement, l'administrateur ferait-il bien d'en ordonner la coupe ? Non, parce qu'il blesserait essentiellement *l'intérêt du consommateur* ou du public, dont il est le délégué et le représentant.

Ainsi tout démontre, aux yeux de la raison, l'extrême importance, ou plutôt l'absolue nécessité, de porter la coupe des bois taillis nationaux à une époque beaucoup plus reculée que ne l'est ordinairement la coupe des bois d'un particulier. Et après avoir combiné toutes les probabilités qu'on a pu rassembler jusqu'ici , j'estime qu'on ne s'éloignera pas beaucoup du *maximum* qui a fait l'objet de nos recherches , en réglant à trente ans la révolution de la coupe des bois nationaux situés sur un terrain profond et fertile.

Deuxième corollaire.

Un propriétaire qui ne coupe point ses bois pour les vendre , mais qui les consomme en nature , rentre dans la classe du public consommateur , c'est-à-dire , il lui est plus avantageux de n'en régler la coupe qu'à l'époque où ils auront acquis leur *maximum* simple. Un exemple va rendre cette vérité sensible.

Soit une forge qui dépense annuellement pour 7200 liv. de bois produit par trente-six arpens de taillis , dont la dépouille soit évaluée 200 liv. par arpent de l'âge de vingt ans.

Soit le possesseur de cette forge propriétaire de quatre cents quatre-vingts arpens seulement, lesquels, divisés par 20, ne donnent , annuellement, que vingt-quatre arpens à couper. Par l'hypothèse il sera obligé d'acheter , tous les ans , la dépouille de douze arpens au prix de 2400 liv. J'appellerai cet achat annuel *dépense ordinaire.*

Supposons que les 480 arpens soient de nature à grossir encore , pendant dix ans , d'une manière uniforme et absolument semblable au grossissement des vingt années précédentes. (Les moyens d'en faire la vérification ont été indiqués.)

Si le possesseur de la forge se détermine à diviser ses 480 arpens en trente coupes de seize arpens chacune, au lieu de les partager en vingt coupes de vingt-quatre arpens, comme il le faisait ci-devant , je dis qu'après la révolution de trente années il ne sera plus obligé d'acheter pour 2400 liv. de bois , et qu'à cette époque il trouvera sur sa propriété tout le bois qui lui sera nécessaire pour alimenter sa forge.

A la vérité, il sera obligé, pendant les quatorze premières années du nouvel aménagement, de faire quelques avances outre et par-delà les 2400 livres de *dépense ordinaire ;* mais ces avances diminueront insensiblement, de sorte qu'après la quatorzième année elles seront nulles. Alors le bénéfice commencera de se faire sentir, et montera insensiblement au point de parvenir, en seize années, au *nec plus ultra.* Ainsi, à la fin de la révolution trentenaire, non-seulement le possesseur de la forge se trouvera surabondamment remboursé des avances faites pendant les quatorze premières années, mais il sera à jamais affranchi de ce que j'ai nommé *dépense ordinaire,* et qui consistait dans l'achat annuel de la dépouille de douze arpens au prix de 2400 liv.

Le Tableau n°. 6 présente sa situation progressive depuis la première année de son nouvel aménagement jusqu'à la trentième. (*Voyez* page 46.)

La première colonne indique l'ordre des années du nouvel aménagement proposé.

La deuxième marque l'âge du bois qui sera à couper, et dont nous avons réduit la quantité à seize arpens, au lieu de vingt-quatre.

La troisième colonne donne la valeur des seize arpens à l'époque de leur coupe. Cette valeur, comme on voit, augmente tous les ans proportionnellement à l'âge du bois, et conformément à ce que nous avons démontré quand nous avons traité du *maximum* simple.

La quatrième colonne indique la valeur du bois que le propriétaire des 480 arpens sera obligé, pendant quatorze ans, d'acheter en supplément pour alimenter son usine, outre et par-delà les 2400 liv. que j'ai nommées *dépense ordinaire* de l'ancien aménagement.

La cinquième colonne donne l'état du gain progressif

qu'il fera pendant les seize dernières années de la révolution trentenaire, pour se récupérer des avances pendant les quatorze premières.

Enfin l'usine, par l'hypothèse, consommant annuellement pour 7200 liv. de bois, la sixième colonne marque ce que le propriétaire qui fait valoir cette usine aura à acheter tous les ans, déduction faite de ce qu'il tirera de sa propriété, jusqu'à ce que le produit de sa seule propriété soit au pair de la consommation de son usine.

En donnant l'explication de ce que contient la troisième colonne, j'ai ajouté cette phrase : *conformément à ce que nous avons démontré quand nous avons traité du* maximum *simple.* Afin d'éviter à un lecteur intéressé à la vérification de mes calculs la peine de recourir à la démonstration citée, je vais présenter une nouvelle démonstration dont les élémens, quoique les mêmes, seront plus rapprochés.

Supposons que l'accroissement moyen des brins de chaque arpent ait été de 2 lignes de diamètre par an; il sera, à vingt ans, de 40 lignes, dont le carré est égal à 1600 lignes carrées, lesquelles valent 200 liv. par l'hypothèse, ou 2 s. 6 den. par ligne carrée.

Puisque le grossissement est supposé uniforme, le diamètre moyen, à vingt-un ans, sera de 42 lignes, son carré égal à 1764 lignes, et sa valeur, à raison de 2 s. 6 den. par ligne, égale à 220 liv. 10 s.

Continuez de carrer les diamètres, vous en trouverez les carrés et les valeurs conformes au Tableau n°. 5. (*Voyez* page 45.)

Maintenant, si vous appliquez les élémens de ce tableau n°. 5 à la situation du possesseur de l'usine, dans quelque année que ce soit de son nouvel aménagement, vous les verrez cadrer parfaitement avec les résultats du tableau n°. 6.

Premier exemple. La dixième année du nouvel aménagement (Tabl. 6, col. 2) est composée de seize arpens de vingt-trois années d'âge. Chaque arpent est de la valeur de 264 liv. 10 s. (Tabl. 5), qui, multipliés par 16, nombre des arpens de la coupe, donnent 4232 liv (Tabl. 6, col. 3) : mais, suivant l'ancien aménagement, le possesseur de l'usine retirait 4800 liv. pour la dépouille de vingt-quatre arpens âgés de vingt ans; il a donc, à cette dixième année du nouvel aménagement, une avance à faire de 568 l. (col. 4); et puisque son usine dépense par an pour 7200 liv. de bois, et qu'il n'en tire de sa propriété que pour 4232 liv., il aura à dépenser 2968 l. (col. 6).

Deuxième exemple. La vingtième année du nouvel aménagement est composée de huit arpens de vingt-six années d'âge et huit arpens de vingt-sept. L'arpent de vingt-six ans vaut 338 liv., et celui de vingt-sept ans 364 liv. 10 s. (Tabl. 5). Huit fois 338 et huit fois 364 liv. 10 s. donnent au total 5620 liv. (Tabl. 6, col. 3). Le bénéfice est de 820 liv. (col. 4), et à cette époque le possesseur de l'usine n'a de bois à acheter que pour 1580 (col. 6); ainsi des autres.

On remarquera que, dans cette démonstration, il n'y a d'hypothétique que l'*uniformité* du grossissement; car, que l'on suppose le grossissement de trois lignes annuellement, au lieu de 2, pourvu qu'il soit *uniforme*; qu'on suppose que l'arpent de vingt ans d'âge vaille 150 liv. au lieu de 200 liv., ou telle autre somme que l'on voudra, les résultats varieront numériquement avec les données, mais les conséquences seront essentiellement semblables (le mot *semblable* pris dans le sens que lui donnent les géomètres).

On peut cependant faire contre la partie hypothétique une objection, mais à laquelle il y a des réponses que je crois satisfaisantes.

Il ne suffit pas, me dira-t-on, pour que les résultats du calcul soient tels que vous les annoncez, que les brins qui ne se coupent qu'à la fin de la révolution trentenaire aient continué de grossir uniformément, il faut encore qu'il s'y en trouve un nombre égal au nombre qui existait lorsque le taillis n'avait que vingt ans ; or, dans l'intervalle de la vingtième à la trentième année, il en périt beaucoup.

Oui, sans doute, il en périt. Quelqu'âge qu'ait le taillis, les gros brins étouffent les brindilles, et ce déchet est totalement perdu pour la consommation. C'est pour en rédimer la perte que j'ai proposé les éclaircies dont il a été question dans ce mémoire. Cependant il y a proportionnellement beaucoup moins de brindilles, ou de brins très-faibles, lorsque le taillis a atteint sa vingtième année, que dans les années précédentes. Le plus grand préjudice qu'occasionne alors l'excès du rapprochement des brins est de ralentir leur grossissement mutuel. Mais, encore une fois, rien n'empêche le possesseur de l'usine d'éclaircir son taillis à l'âge de quatorze à quinze ans, sans que de cette éclaircie, qui lui produira une quantité assez considérable de charbonnette, il résulte aucune diminution sensible sur le produit que le taillis doit donner à l'âge de trente ans. D'ailleurs le taillis croît en hauteur pendant les dix dernières années de la révolution trentenaire ; or nous n'avons point porté en compte cette augmentation, qui seule est capable de compenser la perte des brins faibles.

Cependant, comme, dans des spéculations de l'espèce dont il s'agit, le moindre chômage peut entraîner à de grandes pertes, le possesseur d'une usine doit non-seulement s'assurer pleinement du *maximum* de croissance de son bois, mais être certain de pouvoir suppléer constamment, par des achats à sa portée, au déficit extraordinaire des quatorze premières années.

A l'égard des moyens de s'assurer qu'il n'y a pas de décroissance dans le grossissement annuel, il n'est pas indispensablement nécessaire d'avoir un canton de réserve pour faire des mesurages avec le compas courbe ; il suffira, le plus souvent, d'examiner la tranche de quelques brins, et d'y observer l'épaisseur des couches annuelles : si l'épaisseur des quatre à cinq dernières couches est égale à celle d'un même nombre de couches antérieures, certainement le bois n'a pas encore atteint son plus haut point d'accroissement.

Addition à la page 14, avant le dernier alinéa.

Qu'entendez-vous par *n'être ni trop, ni trop peu serrés*, me demandera-t-on ? N'est-il aucun moyen qui fixe, au moins par approximation, ce que cette expression présente encore d'arbitraire ?

Il en est un sans doute, et la nature l'indique. Observons-la, aidons-la, et ne la contrarions jamais : c'est en cela seul que consiste l'art de l'agronome.

Lors de la première éclaircie, on coupe par préférence toute la broussaille, les ronces, les épines, les arbustes, les arbrisseaux, les brins trop faibles. De cet abattis il résulte nécessairement des vides entre les brins qu'on laisse subsister. Pendant les premières années qui suivent celle de l'éclaircie, les vides se regarnissent par les rejets des arbustes coupés ; cependant leur nombre diminue tous les ans en proportion de ce que les brins du taillis se renforcent. Il vient donc un terme où ces parasites disparaissent. Tant qu'on en voit un certain nombre, il serait inutile d'éclaircir de nouveau, puisque le terrain nourrit surabondamment tous les brins qu'on a cru devoir laisser subsister ; mais, dès que le terrain se trouve nettoyé de lui-même, il est tems de procéder à une seconde éclaircie, sans quoi les brins grossissant encore, ils s'affameraient réciproquement.

Les vides nouveaux formés par une seconde éclaircie produiront sans doute quelques brindilles qui disparaîtront insensiblement à leur tour. Alors, et par la même raison, il sera tems de procéder à une troisième éclaircie, dans le cas sur-tout où il serait question d'établir une futaie.

NUMÉROS.	DIAMÈTRE.	CARRÉ DU DIAMÈTRE réduit en lignes carrées.
1	30 lig.	900
2	29	841
3	28	784
4	31	961
5	32	1024
6	35	1225
7	33	1089
8	34 $\frac{1}{2}$	1190
9	36	1296
10	34	1156
11	37	1369
12	36 $\frac{1}{2}$	1332 $\frac{1}{4}$
13	38	1444
14	38 $\frac{1}{2}$	1482 $\frac{1}{4}$
15	36	1296
16	44	1936
17	45	2025
18	46 $\frac{1}{2}$	2116 $\frac{1}{4}$
19	47	2209
20	48	2304
		27980

NUMÉROS.	DIAMÈTRE.	CARRÉ du DIAMÈTRE.
1	36	1296
2	35	1225
3	34	1156
4	38	1444
5	39	1521
6	43	1849
7	40	1600
8	42	1764
9	44	1936
10	46	2116
11	45	2025
12	47	2209
13	47	2209
14	48	2304
15	45	2025
16	53	2709
17	54	2916
18	55	3025
19	57	3249
20	57	3249
		41827

AGE.	DIAMÈTRE.	CARRÉ du DIAMÈTRE.	DIFFÉRENCE de l'accroissemeut d'une année quelconque sur l'année précédente.	VALEUR en ARGENT.	VALEUR perdue par la non reproduction du terrain pendant l'année précédente.	INTÉRÊTS 3ᵉ perdus par défaut de vente.		TOTAL de la PERTE.		EXCÉDENT du GAIN sur LA PERTE.	
	lignes.	lignes.	lignes.	liv.	liv.	liv.	s.	liv.	s.	liv.	s.
9	36	1296	··········	1296							
10	40	1600	304	1600							
11	44	1936	336	1936	160	80	»	240	»	96	»
12	48	2304	368	2304	176	96	16	272	16	95	4
13	52	2704	400	2704	192	115	5	307	4	93	4
14	56	3136	432	3136	208	135	4	343	4	88	16
15	60	3600	464	3600	224	156	16	380	16	83	4
16	64	4096	496	4096	240	180	»	420	»	75	»
17	68	4624	528	4624	256	204	16	460	16	67	4
18	72	5184	560	5184	272	231	4	503	4	56	16
19	76	5776	592	5776	288	259	4	547	4	44	16
20	80	6400	624	6400	304	288	16	592	16	31	4
21	84	7056	656	7056	320	320	»	640	»	16	»
22	88	7744	688	7744	336	352	16	688	16	Perte 16	

AGE.	DIAMÈTRE.	CARRÉ du DIAMÈTRE.	DIFFÉRENCE d'une année quelconque sur l'année précédente.		VALEUR en ARGENT.	VALEUR perdue par la non-reproduction.	INTÉRÊTS perdus par défaut de vente.		TOTAL de LA PERTE.		EXCÉDENT du GAIN sur LA PERTE.	
	lig.	lig.	lig.	liv.	liv.	liv.	liv.	s.	liv.	s.	liv.	s.
10	20	400	....		1200							
11	22	484	84	252	1452	120	60	»	180	»	72	»
12	24	576	92	276	1728	132	72	12	204	12	71	8
13	26	676	100	300	2028	144	86	8	230	8	69	12
14	28	784	108	324	2352	156	101	8	287	8	66	12
15	30	900	116	348	2700	168	117	12	235	12	62.	8
16	32	1024	124	372	3072	180	135	»	315	»	57	»
17	34	1156	132	396	3468	192	153	12	345	12	50	8
18	36	1296	140	420	3888	204	173	8	377	8	42	12
19	38	1444	148	444	4332	216	194	8	410	8	33	12
20	40	1600	156	468	4800	228	216	12	444	12	23	8
21	42	1764	164	492	5292	240	240	»	480	»	12	»
22	44	1936	172	516	5808	252	264	12	516	12	Perte 12	

ANNÉES du TAILLIS.	DIAMÈTRE moyen D'UN ARPENT.	CARRÉ du DIAMÈTRE.	VALEUR en ARGENT.	
			liv.	s.
20	40	1600	200	»
21	42	1764	220	10
22	44	1936	242	»
23	46	2116	264	10
24	48	2304	388	»
25	50	2500	312	10
26	52	2704	338	»
27	54	2916	364	10
28	56	3136	392	»
29	58	3364	420	10
30	60	3600	450	»

ANNÉES.	AGE DU BOIS à couper.	VALEUR des seize arpens.	AVANCES A FAIRE.	Recouvrement des avances.	A dépenser annuellement.
		liv.	liv.		liv.
1	16 arpens de 20 ans.	3200	1600		4000
2	8 de 20. 8 de 21	3364	1436		3836
3	16 de 21.	3528	1272		3672
4	16 de 21.	3528	1272		3672
5	8 de 21. 8 de 22	3700	1100		3500
6	16 de 22.	3872	928		3328
7	16 de 22.	3872	928		3328
8	8 de 22. 8 de 23	4052	748		3148
9	16 de 23.	4232	568		2968
10	16 de 23.	4232	568		2968
11	8 de 23. 8 de 24	4420	380		2780
12	16 de 24.	4608	192		2592
13	16 de 24.	4608	192		2592
				liv.	
14	8 de 24. 8 de 25	4804	11184	4	2396
15	16 de 25.	5000		200	2200
16	16 de 25.	5000		200	2200
17	8 de 25. 8 de 26	5204		404	1996
18	16 de 26.	5408		608	1792
19	16 de 26.	5408		608	1792
20	8 de 26. 8 de 27	5620		820	1580
21	16 de 27.	5832		1032	1368
22	16 de 27.	5832		1032	1368
23	8 de 27. 8 de 28	6052		1252	1148
24	16 de 28.	6272		1472	1028
25	16 de 28.	6272		1472	1028
26	8 de 28. 8 de 29	6500		1700	700
27	16 de 29.	6728		1982	472
28	16 de 29.	6728		1928	472
29	8 de 29. 8 de 30	6964		2164	236
30	16 de 30.	7200		2400	000
				19229	

DEUXIÈME MÉMOIRE.

AMÉNAGEMENT DES FUTAIES.

Le but que se propose un agronome en établissant une futaie, est d'obtenir la plus grande quantité de bois dans le plus petit espace et le moins de tems possibles ; ou, en d'autres termes, le meilleur aménagement des futaies est en raison composée de la quantité, du tems et de l'espace.

D'où il suit, 1°. qu'il ne faut entreprendre d'établir des futaies que sur un terrain profond et fertile.

2°. Qu'il est à propos d'espacer les arbres de manière que, sans qu'il y ait aucune place perdue, ils ne puissent se nuire réciproquement, ni ralentir mutuellement leur croissance.

3°. Qu'il serait désavantageux, hormis le cas d'un service urgent et nécessaire, de couper des arbres d'espérance suffisamment espacés, avant qu'ils aient acquis leur *maximum* individuel.

Ces propositions exigent quelques développemens.

On espérerait en vain avoir de la futaie sur un terrain qui n'aurait pas au moins deux pieds et demi à trois pieds de profondeur de terre propre à la végétation : les arbres y croîtraient avec trop de lenteur, et seraient couronnés avant d'avoir acquis assez de grosseur pour fournir du bois de service.

Cependant le mot *fertile* ne doit pas être entendu d'une manière trop générale ; car tel terrain qui n'est doué que d'une fertilité médiocre à l'égard des plantes céréales, produit souvent de très-beaux bois ; mais l'agronome discernera facilement cette fertilité relative, à l'essor qu'il verra prendre à ses taillis.

Les principes établis quand nous avons traité de l'éclaircie des taillis, sur les distances où doivent être les brins entre eux pour qu'ils puissent prospérer, sont également applicables aux futaies ; car , ou provenues de semences, ou crues sur souche , elles ont nécessairement passé par l'état de taillis avant d'être futaies.

Lorsqu'on coupe les taillis fréquemment, et presque entre deux terres , comme en Bresse , ils peuvent être aisément convertis en futaies. Les souches s'y renouvellent trop fréquemment pour présenter une large surface. Souvent , sur une portion de bois ancien qui tient à une principale racine éclatée et désunie du tronc , il s'élance un jet vigoureux qui pousse des racines au bourrelet, tandis que la vieille souche , devenue stérile, périt et fournit de l'engrais.

Mais , dans d'autres cantons du royaume , et assez fréquemment en Bourgogne , on voit des taillis dont les souches trop espacées forment , au-dessus du sol , des broussins ou têtards chargés de mousse ; le reste du terrain ne présente ordinairement qu'une pelouse. Je crois cette manière d'exploiter les bois très-vicieuse ; elle est , avec raison , proscrite par l'ordonnance de 1669 , tit. xv , art. 42. Des taillis aussi mal disposés , fussent-ils sur un terrain profond , donneront difficilement de la futaie , à moins qu'on ne sème des glands dans les intervalles , et qu'on n'extirpe successivement les souches à mesure que les jeunes chênes auront cru sous leur abri.

J'estime aussi qu'il conviendrait d'ordonner, à la prochaine coupe , l'abattis à fleur de terre de ces souches proéminentes , et d'en recouvrir les larges plaies avec du gazon ; car on ne doit pas s'attendre , quand même on se bornerait à ne vouloir que du taillis , qu'il puisse s'élever de beaux jets sur des broussins à fibres dures et contranchées ; au lieu qu'il s'en développera indubitablement sur les lèvres de ces mamelons recoupés et couverts de terre , et qu'il se formera, comme on vient de le dire, des racines au bourrelet des nouvelles tiges.

On croit communément qu'il y a perte réelle pour

le

le propriétaire qui veut élever une futaie sur taillis, et que, s'il s'y détermine, c'est un sacrifice gratuit qu'il fait à sa postérité. Il me paraît important de détruire ce préjugé ; et pour en démontrer la fausseté,

Soit un arpent de taillis de l'âge de vingt ans, en très-bon fonds, portant, d'après les données de Duhamel, à la distance moyenne de 7 pieds 4 pouces, neuf cents brins de 20 pieds d'élévation, dont la croissance ait été de 3 lignes de diamètre annuellement, et dont la valeur soit égale à 120 liv. Par l'hypothèse ces brins, à 3 pieds de terre, auront 5 pouces de diamètre.

Au lieu d'en faire la coupe blanche à la vingt-unième année, il n'en sera fait l'éclaircie que d'environ moitié, dont la vente, à la vérité, s'élevera au plus à 60 liv. C'est le seul des sacrifices à faire ; mais le propriétaire ne tardera pas à en être dédommagé, comme on le verra.

À la seconde révolution, c'est-à-dire, à l'âge de quarante ans, cet arpent sera composé de quatre cents cinquante brins de 40 pieds de hauteur, portant 10 pouces de diamètre à 3 pieds de terre. On en coupera seulement deux cents brins, dont la valeur sera de 192 liv. ; car, les cercles étant entre eux comme les carrés de leur diamètre, la somme des carrés du diamètre de 900 brins de 5 pouces est à la somme des carrés du diamètre de 200 brins de 10 pouces comme 12500 sont à 20000 liv. Mais 12500 sont à 120 l. comme 20000 sont à 192 liv. ; donc, à la seconde révolution, il y aura 72 liv. de bénéfice sur le produit de la coupe ordinaire. Et l'on voudra bien observer que nous n'avons pas ajouté à l'excédent de ce produit la hauteur acquise par les deux cents brins depuis l'âge de vingt ans jusqu'à quarante.

À soixante ans, l'arpent contiendra deux cents cinquante brins ; il en sera coupé cent dix. Ils porteront 15 pouces de diamètre à trois pieds de terre, et 9 à 10 pouces de diamètre à la hauteur de 20 pieds. Ces brins seront en état, comme on le voit, de fournir de la petite charpente. Cependant nous n'y aurons aucun égard dans le calcul ; nous continuerons à ne les estimer que comme bois de chauffage , et nous n'aurons également aucun égard à la hauteur acquise par-delà les vingt premiers pieds. On a cette proportion :

12500 : 120 livres : : 24750, somme des carrés du diamètre des cent dix brins de 15 pouces : 237 livres 12 sous. L'excédent sur le produit ordinaire sera de 117 liv. 12 s.

A quatre-vingts ans, il se trouvera cent quarante arbres, il en sera coupé moitié. Chacun de ces arbres ayant cru moyennement de trois lignes de diamètre par an , suivant l'hypothèse, portera vingt ponces de diamètre à la hauteur de trois pieds, et pourra donner une pièce d'environ un pied d'équarrissage à fleur de terre , sur huit pouces d'équarrissage à la hauteur de vingt à vingt-quatre pieds ; mais, en continuant de n'évaluer la coupe que comme bois de chauffage , et de n'estimer, comme ci-devant , la hauteur de l'arbre que de vingt pieds, nous avons cette proportion :

12500 : 120 livres : : 28000 , somme des carrés du diamètre de soixante-dix arbres de vingt pouces : 268 l. 16 s. L'excédent sur le produit ordinaire est de 148 l. 16 s.

Sur quoi je prie d'observer que les élémens de mon calcul sont, dans tous les points, beaucoup plus faibles que la nature ne les donne , puisque je n'ai porté le grossissement moyen des brins qu'à trois lig. de diamètre, ou à neuf lig. de tour annuellement, tandis que M. Tellès d'Acosta a observé , comme nous l'avons vu, qu'il était de seize lignes de tour dans les très-bons terrains ; que, suivant Buffon, il est de douze à dix-huit lignes sur un chêne vigoureux (1),

____

(1) *Hist. nat.* suppl. *in*-4°. tomé II, pag. 113.

et que Duhamel et moi (1) avons reconnu un grossissement encore plus fort lorsque les arbres étaient
espacés largement (2).

A cent ans, on aura une futaie contenant soixante-
dix pieds d'arbres par arpent. Ils seront espacés,
moyennement, à la distance de vingt-six pieds un
quart, et c'est tout ce qu'un arpent peut en contenir,
si l'on veut qu'ils acquièrent une belle grosseur.(*Voyez*
la note de la première partie de ce mémoire, pag. 13.)

(1) J'ai fait éclaircir cet hiver un taillis, essence de chêne, de l'âge de
treize ans, situé à trois lieues de la ville de Bourg, et sur un bon fonds.
Il contient cent quatre-vingt coupées, ou environ vingt-trois arpens. On a
coupé à peu près moitié des brins. Cette éclaircie, faite avec soin sous la
direction de mon jardinier, m'a coûté un peu moins de 600 liv., et m'a
rendu un peu plus de 2400 liv. Le produit net de la seule eclaircie a donc
été de 1800 liv., ou à raison de 6 liv. de production annuelle par arpent.
Or, la coupe entière de l'arpent de Duhamel n'est évaluée que 6 livres
annuellement, puisque 120, divisé par 20, égale 6. J'ai laissé subsister, comme on peut croire, les plus gros brins et les plus élevés ;
mais, parmi ceux qui étaient abattus, j'en ai mesuré qui portaient
vingt à vingt-deux pieds d'élévation.

Le 1er. Mai 1791, mon jardinier a numéroté dans ce bois, et mesuré avec un compas courbe, à la hauteur de trois pieds, seize chênes,
cinq trembles, quatre aunes, trois bouleaux, un orme et un merisier,
en tout trente brins.

Des seize chênes, six ont été choisis parmi les plus gros, leur diamètre
excédait soixante lignes ; cinq parmi les moyens, leur diamètre était de
cinquante à cinquante-cinq lignes ; et cinq parmi les petits, dont le diamètre était de plus de quarante lignes. Les autres arbres ont été choisis
parmi les moyens de leur espèce.

Le grossissement moyen des seize chênes a été de douze lignes six
seizièmes par an.

Celui des aunes, d'environ dix lignes. Les trembles avaient grossi
annuellement de douze lignes ; les bouleaux, de quatorze lignes six
treizièmes ; l'orme, de dix lignes deux tiers ; et le merisier, de dix
lignes un treizième.

Il est à remarquer qu'à chacune des éclaircies suivantes, on laissera
subsister de préférence les plus gros brins, et qu'ainsi les arbres d'un
tempérament faible, et même les arbres moyens, disparaissant insensiblement, le bois ne sera plus composé que d'arbres vigoureux et naturellement disposés à une croissance accélérée. Je ne fais aucun doute que
leur grossissement moyen n'augmente par la suite, les éclaircies successives laissant à chacun d'eux plus de nourriture et d'espace. Je puis assurer
que celle-ci produit déjà un effet agréable, et je me propose de mettre
mon fils en état de suivre, après moi, cette expérience intéressante.

(2) *Traité de l'Exploitation des Bois*, tome I, page 414 ; et *Traité
des Semis et Plantations*, page 318.

Conviendra-t-il, à cet âge, de couper cette futaie? Avant d'entamer l'examen de cette question, qu'il soit permis de faire une remarque.

Presque tous les officiers attachés aux maîtrises, qui ont écrit sur l'aménagement des forêts, ne cessent de répéter que, sans le balivage, tout est perdu; que la qualité du bois des baliveaux est incomparablement supérieure à celle du bois de futaie en massif; qu'il est plus dur, plus fort, et particulièrement recherché par les charpentiers de la marine; qu'au contraire le bois cru en massif est faible, mou, gras, qu'il se coupe comme de la rave; à peine, à les entendre, serait-il bon pour les membrures d'une menuiserie. Ils donnent pour raison de cette différence, qu'à chaque fois que le taillis qui environne les baliveaux a été abattu, le grand air et les alternatives du froid et du chaud leur donnent une force que n'acquiert jamais l'arbre qui a cru en massif de futaie (1).

D'autre part, les écrivains les plus célèbres qui ont observé les bois en physiciens et en naturalistes, qui ont, à cet égard, multiplié les expériences avec autant de soin que de sagacité, les Réaumur, les Duhamel, les Buffon, s'accordent à dire que les baliveaux sont la perte des bois. Qu'on recoure sur-tout à l'ouvrage de Buffon, on y verra le détail des nombreuses expériences et les raisons invincibles sur lesquelles ce célèbre physicien avait fondé son opinion (2).

J'ai déjà remarqué comme une contradiction bien

(1) Nous sommes bien éloignés de prétendre juger la question entre les divers auteurs qui l'ont discutée, nous rapportons seulement un autre fait qui s'y rattache ; c'est la préférence que l'on donne généralement, dans les villes de constructions que nous avons visitées, aux arbres crus dans les haies ou sur les bordures des héritages. (*Note nouvelle fournie à l'édit. par M. F***.*)

(1) *Histoire naturelle*, supplém. *in*-4°. tome II, pages 113, 124, 128, 151, etc.

étrange entre le fait et les principes, l'aveu de M. Tellès d'Acosta, l'un des plus grands partisans des baliveaux, qui convient qu'en Champagne les adjudicataires des coupes qui approvisionnent Paris, exploitent de préférence les baliveaux pour le chauffage, et tirent peu à la charpente.

Veut-on encore un exemple plus frappant des contradictions dont nos ouvrages sur l'agriculture fourmillent, lorsque les auteurs se jettent dans les généralités, sans être prémunis d'un nombre suffisant d'observations particulières ?

M. Plinguet, ingénieur en chef du duc d'Orléans, dans un ouvrage imprimé en 1789, sous le titre de *Traité sur les réformations et les aménagemens des Foréts*, où il est principalement question de celles d'Orléans et de Montargis, s'exprime dans les termes qui suivent (page 9):

« Nous ne dirons rien sur la différence de bonté
» qui se trouve entre la charpente qui provient des
» futaies, et celle que produisent les baliveaux sur
» taillis. D'une part, l'emploi des uns et des autres
» dans la construction ne nous démontre que trop
» souvent, par de mauvais effets, la dangereuse qua-
» lité de ces derniers ; et d'autre part, la théorie,
» appuyée d'une suite d'expériences faites avec infi-
» niment de précautions par Buffon, sur la force des
» bois, ne laisse aucun lieu de douter de la mauvaise
» qualité de ceux-ci, et fera toujours préférer la
» charpente qui nous viendra des futaies ».

Un auteur presque aussi moderne, M. Pannelier-d'Annel, dans une brochure intitulée *Essai sur l'aménagement des Foréts*, imprimé en 1784, nous dit, dans une note (page 16), à l'occasion de la forêt de Compiègne, « que les baliveaux sur taillis ont des
» droits, au moins sur un sens, que n'ont pas les arbres
» crus en futaie, *qui* (page 11) *ne viennent jamais*
» *droits* » : proposition neuve, et que j'ai lu plusieurs fois, pour vérifier si je ne me trompais pas.

« Ce qui fait, ajoute l'auteur, que ces baliveaux
» donnent des pièces dont la longueur répond à la
» hauteur de l'arbre, des pièces de trente à soixante
» pieds, et même quelquefois plus ; et comme arbres
» isolés, continuellement frappés de l'air et du soleil,
» ils ont toute la qualité que comportent le climat et
» le terrain ; en un mot, ils ont ce qui manque aux
» arbres venus en massif de futaie, c'est-à-dire tout ».

Le bois d'un baliveau, on en convient, est plus
dur et plus dense que celui d'un arbre semblable
cru en massif, dans le cas seulement où celui-ci
aurait été gêné dans sa croissance, et qu'elle en eût
été ralentie. Mais, dans tous les cas, il n'est point
vrai que le baliveau soit plus fort, puisqu'il est très-
chargé de nœuds, et que les nœuds affaiblissent le
bois de plus d'un quart, comme le remarque Buffon
(*Hist. natur.* suppl. *in*-4°. tome II, page 128. *Voyez*
aussi Duhamel, *Traité de l'expl. des Bois*, tome I,
page 88). Nous croyons aussi que la plus grande
densité, ainsi que la plus grande dureté d'un arbre
isolé, ne sont point l'effet des causes que rapportent
les sectateurs des baliveaux. Les coups de soleil subits
après une violente gelée, les alternatives de froid et
de chaud, les violens orages, peuvent occasionner
et produisent en effet des gélivures, des chancres,
des gouttières, des roulures, des brisures, des accidens enfin qui détruisent la plus grande partie de nos
baliveaux ; mais nous ne voyons pas en quoi ils pourraient favoriser leur croissance et donner du nerf à
leur bois. Qui doute que l'air et la lumière ne soient
nécessaires à la végétation ? Mais ils ne sauraient avoir
de l'influence sur la tige d'un arbre. Quel effet pro-
duiraient-ils au travers de l'épiderme épais et sans
vie dont le corps de l'arbre est environné ? C'est sur
les jeunes branches, les boutons et les feuilles qu'ils
agissent. Pour peu qu'on ait étudié la théorie de la
végétation, on sait qu'il y a action et réaction perpé-
tuelles et réciproques des feuilles sur les racines, et

des racines sur les feuilles, et qu'ainsi, pour qu'un arbre prospère, il lui faut un espace suffisant dans le sein de la terre pour y étendre ses racines, et un espace suffisant dans le vague des airs pour y étendre ses rameaux. Toutes les fois que l'arbre est gêné, ou de l'une ou de l'autre manière, sa croissance en est retardée, il s'affaiblit, il languit, et quelquefois il en meurt.

D'autre part, Buffon et Duhamel (*Histoire nat.* suppl. *in-*4°. tome II, page 124; et *Exploitation des Bois*, page 687) nous ont appris que de deux arbres semblables, de même âge et crus dans le même terrain, celui dont les couches annuelles sont plus épaisses et le grossissement plus accéléré, est incomparablement plus fort, plus nerveux et spécifiquement plus lourd que celui de l'arbre amaigri auquel on le compare. Ce n'est donc pas parce qu'un chêne aura cru en massif de futaie qu'il est faible, mais parce qu'il y a souffert. Quoi qu'il en soit, on pare à cet inconvénient par les éclaircies que nous proposons. Elles feront participer les arbres successivement réservés, tant aux bonnes qualités qu'on attribue aux baliveaux, qu'à celles des arbres crus en massif, et les garantiront en même tems des défauts qu'on leur reproche à tous deux. Mais revenons à notre arpent de cent ans d'âge.

Les soixante-dix arbres qui le composent, dans l'hypothèse, auront au moins trente pieds de tige, portant quinze pouc. d'équarrissage au gros bout, et neuf à dix pouces à l'autre extrémité, conformément à l'estimation de Duhamel, qui a observé que les tiges diminuaient d'un pouce de gros par pied de hauteur. En cet état ils vaudraient au moins 18 liv. dans le département que j'habite, et par conséquent la valeur de l'arpent serait de 1260 liv. Un coup-d'œil jetté sur la table suivante, prouvera l'avantage de l'aménagement que je propose.

Si l'on eût continué de tenir cet arpent en taillis,

il n'eût produit, dans le cours des cinq révolutions, que 600 livres ; mais, au moyen des éclaircies, il a produit :

A la 1ere. révolution   60 l.   » s.
A la 2e. il produira... 192   »
A la 3e............... 237   12   } 758 liv. 8 s.
A la 4e............... 268   16
A la 5e. il vaudra................. 1260   »

Total, en estimant à bas prix..... 2018   8

On demande si, à cette époque, il conviendra de l'abattre. C'est encore le calcul qui résoudra cette question.

Nos sens, à moins d'être très-exercés, nous trompent lorsque nous parcourons une futaie. Ce n'est que par une approximation hasardée que nous jugeons de la hauteur et de la grosseur des tiges. Lorsqu'on passe quelque tems sans visiter un jeune taillis, on est frappé, en le revoyant, du changement qu'il a éprouvé dans l'espace de trois ou quatre années. Il n'en est pas à beaucoup près de même d'une futaie ; eût-on été dix ans sans la parcourir, à peine s'appercevra-t-on que les tiges aient grossi. Plus les arbres étaient âgés à la précédente visite, moins leur augmentation paraîtra sensible ; cependant elle est réelle, et quelquefois très-forte. Mais ce n'est qu'au moyen d'un instrument et à l'aide du calcul, qu'on peut connaître avec exactitude le volume et la valeur qu'ont acquis les tiges (1). Car supposons que le diamètre d'un arbre, qui était de 25 pouc. à l'âge de cent ans, ait augmenté de deux pouces et demi pendant les dix années suivantes, à peine l'œil distinguera-t-il

(1) A l'égard des futaies, je proposerais de substituer une chaine plate et bien graduée au compas courbe, qui devient difficile à manier lorsqu'il est d'un grand volume.

cette augmentation. Cependant nous avons la proportion suivante : 625 , carré du diamètre réduit en pouces carrés à cent ans d'âge , sont à 756 un quart, carré du diamètre de cent dix ans , comme 18 l. sont à 21 liv. 15 s. 10 d. La différence est de plus d'un cinquième en sus.

Le calcul démontre également qu'à supposer que les arbres continuent de croître uniformément , et qu'on en suspende la coupe jusqu'à cent cinquante ans , la valeur augmente dans la proportion de 1 à 2 un quart. Mais il est à remarquer que lorsqu'un arbre excède les dimensions communes , son prix s'élève au-dessus des prix ordinaires. Par exemple, une pièce de bois de deux pieds d'équarrissage , sur vingt-quatre pieds de longueur , contient quatre fois autant de pieds cubes qu'en contient une pièce d'une longueur semblable et d'un pied d'équarrissage seulement ; mais la rareté la fera certainement payer au-delà du quadruple.

Nous avons dit (page 16) que le *maximum* d'un arbre de futaie se prolongeait jusqu'à l'instant où cet arbre commence à s'altérer dans le cœur. Ce premier degré d'altération est d'autant plus éloigné , que la croissance de l'arbre a été plus accélérée. Ainsi , de deux chênes de même espèce , si l'un a acquis deux pieds de diamètre , je le suppose , pendant que l'autre n'aura pris que dix-huit pouces , le premier prolongera sa croissance et sa vie plus longt-tems que le second. C'est le défaut de terrain et d'espace qui donne à celui-ci une vieillesse et un dépérissement anticipés.

Cependant tout a un terme dans la nature. L'arbre le plus vigoureux et le plus avantageusement situé parvient enfin à la vieillesse , et de la vieillesse il passe à la décrépitude. C'est dans le centre qu'il commence à s'altérer. Heureusement on reconnaît , à des signes presque certains , un commencement de dépérissement : les branches de l'arbre meurent en partie à la cîme, elle s'arrondit, se couronne, le grossissement de l'arbre diminue, son fanage cesse d'être aussi touffu, ses feuilles jaunissent plutôt. D'autres signes annoncent également la vigueur d'un arbre, tels qu'une écorce unie, fine et d'une même couleur, des branches qui s'élèvent au haut de l'arbre, des feuilles étoffées à la cîme, et encore vertes sur la fin de l'automne. Un grand usage donne à cet égard aux forestiers un coup-d'œil qui les trompe rarement. Quand la futaie commence à être sur le retour, on perdrait beaucoup à ne pas l'abattre, il faut même se hâter d'extirper les souches et de semer.

On doit donc établir, à l'égard du *maximum* des futaies, la même soudivision dont il a été fait mention à l'égard des taillis ; savoir, le *maximum* physique ou simple, et le *maximum* composé, dans lequel il entre une donnée de plus, savoir, l'intérêt pécuniaire du prix de la vente.

Dans l'exemple que nous venons de rapporter, il est certainement de l'intérêt du consommateur que la coupe soit suspendue jusqu'à l'époque de cent cinquante ans d'âge, à laquelle nous fixons, par supposition, le plus haut point de croissance physique, ou le *maximum* simple, puisque, pendant les cinquante dernières années, cet arpent a acquis une augmentation de valeur égale à 1575 liv., et qu'il n'avait acquis qu'une valeur de 1260 liv. pendant les cent années précédentes.

Mais ici l'intérêt du propriétaire va encore se trouver en opposition avec celui du consommateur, effet que nous avons déjà remarqué par rapport au *maximum* composé du taillis ; car il est clair que si le propriétaire se détermine à vendre son arpent de l'âge de cent ans 1260 livres, ce capital, joint aux intérêts pendant cinquante ans, s'élevera à 4410 liv.; tandis que si la coupe du même arpent est différée pendant cinquante ans de plus, elle n'équivaudra qu'à 2835 liv., perte à laquelle il faut encore ajouter celle de la croissance pendant environ cinquante ans du semis qui aurait été fait. Mais les effets moraux compenseront en grande partie le résultat du calcul arithmétiquement rigoureux que nous exposons. Une belle futaie est le tableau le plus riche et le plus imposant que puisse offrir le règne végétal. Un propriétaire ne se prive jamais qu'à regret d'une aussi magnifique jouissance, sur-tout si sa futaie est peu distante de son habitation. C'est après avoir long-tems résisté que le besoin le détermine enfin d'y mettre la coignée. On ne doit donc pas craindre qu'il calcule en négociant la perte en arrérages d'intérêts qu'il éprouvera en suspendant sa coupe : très-différent en cela de ces particuliers qui, se réunissant en compagnies pour une exploitation dans laquelle ils ne considèrent que le lucre, s'embarrassent assez peu des réclamations et du mécontentement qu'ils excitent autour d'eux.

Cependant, en se bornant au calcul rigoureux, il est démontré qu'en supposant que les corps administratifs demeurent chargés de l'administration des forêts nationales, il est de l'intérêt de leurs commettans, c'est-à-dire des consommateurs et du public,

1°. Que l'administration tende à métamorphoser en futaies la plus grande quantité des taillis qui en seront susceptibles.

2°. Que l'abattage d'une forêt ne soit permis qu'après avoir reconnu que les arbres qui la composent sont parvenus à leur *maximum* individuel simple.

Mais, dans l'état présent des choses, convient-il qu'un corps soit chargé de l'administration des forêts nationales ?

Avant d'entamer cette importante question, il me paraît nécessaire d'établir les principes qui différencient essentiellement l'économie forestière de l'économie des champs cultivés ; principes qui n'ont point été jusqu'à présent, que je sache, ni présentés ni discutés, et dont les effets sont si dissemblables, qu'ils peuvent à peine se comparer.

Tout est avances, art et travail perpétuels sur les fonds en culture. L'intérêt de ces avances, joint au prix du travail, monte le plus souvent aux quatre cinquièmes de la valeur reproduite, et se renouvelle indispensablement après chaque récolte.

Les bois, au contraire, exigent peu de frais; on les y renouvelle du moins si rarement, qu'à dire vrai c'est la nature qui fait tout; à peine l'art lui prête-t-il quelques secours, encore est-ce principalement à ne pas gêner la nature que cet art consiste : première différence.

Le moment de la récolte des plantes céréales est fixe, et déterminé par celui de la maturité. Aussi sont-elles rarement dévastées par les hommes, parce que, pendant les moissons, tous sont occupés. Il n'en est pas tout-à-fait de même, à la vérité, de certains fruits de la terre qui n'exigent pas une parfaite maturité pour être déjà comestibles, tels que le raisin, le maïs, les raves, les pommes de terre, etc. Cependant, s'il s'en dérobe une partie, la perte n'est qu'accidentelle, et ne porte que sur le produit d'une seule année.

Mais les bois n'ont pas de maturité proprement dite; à tout âge leur dépouille a une valeur quelconque. Ainsi, et indépendamment du mal incalculable qu'y cause la vaine pâture, l'été comme l'hiver, la nuit comme le jour, tous les tems sont bons pour les maraudeurs; et la perte qu'ils causent est d'autant moins réparable, qu'elle enlève le produit d'une plus longue attente : deuxième différence.

Comme la valeur intrinsèque du fonds cultivable aliéné demeure à peu près la même, le fermier ou le métayer eût-il été négligent, le vendeur court peu de risques à laisser à son acquéreur plus ou moins de délai pour s'acquitter, puisque, si les conditions de l'aliénation sont mal exécutées, il lui reste la faculté de rentrer dans son ancienne propriété, qui n'a pas sensiblement perdu de sa valeur première.

Au lieu que la valeur d'une futaie sur-tout étant quelquefois décuple de la valeur intrinsèque du terrain qui l'a produite, il est juste et naturel qu'en l'aliénant, le vendeur exige le prix en entier de sa vente, ou du moins un cautionnement équivalent; sans quoi, et si la futaie est abattue, il ne reste plus de recours contre un acquéreur de mauvaise foi, ou dissipateur, ou seulement mauvais économe : troisième différence.

Nous en avons encore une essentielle à remarquer entre la vente faite par un particulier et la vente faite par la nation.

Un particulier qui a reçu le prix de sa forêt vendue, est aussi indifférent sur l'usage que l'acquéreur fera de sa propriété, que si elle ne lui eût jamais appartenu ; mais si c'est la nation qui vend, on ne saurait dire qu'elle demeure sans intérêt, même en supposant le prix de la vente totalement acquitté, parce que le meilleur aménagement possible de la chose aliénée importe au public consommateur. Il est donc juste d'imposer à l'acquéreur des conditions conservatrices qui le forcent, en quelque sorte, d'administrer le bien qui lui est transmis, d'une manière qui lui soit profitable, et tout à la fois avantageuse à la nation. L'on serait mal fondé à soutenir qu'un pareil acte gêne la liberté, puisque l'acquéreur a été parfaitement libre d'en accepter ou d'en refuser les conditions lorsqu'il a transigé, et que d'ailleurs une loi n'est point dure lorsqu'elle n'enlève à celui qui s'y soumet que la faculté d'abuser.

De ces différences entre les principes de l'économie forestière et de l'économie agraire, et de l'opposition qui existe essentiellement, et que nous avons rigoureusement démontrée, entre l'intérêt du propriétaire vendeur et du public consommateur, on peut conclure, ce me semble,

1°. Que l'établissement d'un corps administratif parfait, autant qu'une institution humaine peut l'être, et qui corrigerait les défauts qu'on reproche à l'ancien régime forestier, serait incomparablement plus avantageux à la nation que la vente de ses forêts nationales.

2°. Que cependant il vaut encore mieux les vendre, pourvu que l'on impose des conditions rigoureusement conservatrices aux acquéreurs, que d'en confier la régie partiellement à plusieurs corps administratifs, dont les membres n'auraient fait aucune étude forestière, et qui n'auraient ni unité dans les principes, ni stabilité personnelle. •

3°. Que le pire de tous les partis à prendre et le plus désastreux, serait une vente sans conditions conservatrices, dont profiterait une tourbe d'agioteurs régnicoles ou étrangers qui ne fondent le rétablissement de leur fortune délabrée que sur les calamités publiques.

Quelles seraient, demandera-t-on, ces conditions conservatrices? En voici les bases principales.

Le paiement total du prix de la vente sera acquitté dans l'année même où l'acte aura été passé, et non par annuités.

Il sera défendu de défricher aucun des bois nationaux acquis, sinon en affectant pour remplacement un bois nouvellement semé ou planté équivalent à la partie défrichée.

L'acquéreur d'un taillis ne pourra couper les baliveaux qu'en laissant en réserve, dans le même taillis ou dans tout autre dont il sera propriétaire, un arpent croître en futaie par six arpens dont les baliveaux auraient été abattus.

Il ne pourra être coupé annuellement, par l'acquéreur d'une futaie, qu'un vingtième au plus, ou même une moindre quantité, des arpens de futaie qui lui auront été vendus.

Avant d'obtenir des directoires la permission d'abattre, l'acquéreur de la futaie nationale sera tenu de présenter, en jeune futaie d'espérance, un nombre d'arpens au moins égal à celui des arpens contenus dans la portion qu'il se propose d'exploiter.

Les souches de la forêt abattue seront extirpées au plus tard dans le cours de l'année qui suivra l'abattage ; et le terrain, soigneusement clos, sera ou aura été semé, auparavant (1), en glands, faînes, châtaignes, etc. suivant la qualité de la terre ; faute de quoi le propriétaire sera privé de la faculté de continuer ses coupes aux années suivantes, et à de plus grandes peines, s'il y échoit.

La surveillance pour l'exécution de la loi sera accordée aux directoires des départemens et des districts, sur leur responsabilité, etc.

On conçoit qu'en rédigeant une loi forestière d'après ces principes, les articles en seraient nécessairement étendus et modifiés, et qu'au surplus son exécution rigoureuse rendrait totalement chimérique la crainte que quelques compagnies ne fissent des forêts du royaume l'objet d'un agiotage pernicieux.

A la vérité, la vente en serait moins avantageuse que certains calculateurs intéressés à de gigantesques exagérations ne l'ont présentée ; mais il faut opter, et ne point vendre, ou vendre à ces conditions, sinon s'attendre aux plus sinistres spoliations des propriétés particulières, qu'on entame déjà de toute part, et à ce que, dans dix ans, il n'y ait pas un arbre de service en France.

Il est tems de mettre un frein à ce fléau destructeur. Mais, pendant qu'on délibère, les dévastations se perpétuent ; l'habitude du pillage, contractée par une classe d'hommes pour qui ce délit est devenu l'unique occupation, leur fait préférer ce gain illicite au salaire qui leur était offert dans les ateliers ordinaires. Le désordre non réprimé augmente la

(1) On verra, dans le mémoire que je me propose de donner sur le repeuplement des forêts, qu'un moyen économique et éprouvé de repeupler une vieille futaie est d'en semer les clairières trois ou quatre années avant celle de l'abattage.

licence, plusieurs de ces malfaiteurs courent au pillage aujourd'hui à main armée et avec des voitures, qui précédemment se contentaient du moins de porter une charge sous laquelle on les voyait quelquefois succomber.

Depuis la rédaction de ce mémoire il a été rendu une loi sanctionnée le 29 septembre 1791, sur l'administration forestière. Elle établit un point central à Paris, sous le titre de Conservation générale des Forêts, *et parmi les agens de l'administration répandus dans le royaume une unité de principes, une hiérarchie de pouvoirs, une surveillance, une responsabilité qui les mettent dans l'indispensable nécessité d'agir, et dans l'heureuse impossibilité de mal agir. La loi réforme en même tems les abus reprochés, peut-être avec trop d'amertume, à l'ancien régime des eaux et foréts.*

TROISIÈME

TROISIÈME MÉMOIRE.

SUR LA NÉCESSITÉ ET LES MOYENS DE REMETTRE DE NIVEAU LA CONSOMMATION ET LA REPRODUCTION DES BOIS DU ROYAUME.

Depuis plus d'un siècle la consommation des bois en France a cessé d'être de niveau avec la reproduction. Mais cette vérité, prédite par Palissy, annoncée par Réaumur, Duhamel et Buffon, n'a commencé d'exciter de véritables alarmes qu'à la vue de la hausse rapide et démesurée du prix des bois, et lorsqu'on a considéré combien diffère en étendue l'arrondissement qui approvisionnait autrefois la capitale, de l'arrondissement qui ne suffit pas même aujourd'hui à sa consommation.

Pour compenser ce déficit, on a eu recours à une espèce d'emprunt, on a anticipé les coupes : palliatif cruel qui n'a fait qu'augmenter l'intensité du mal.

Les dévastations l'ont réaggravé. Le pillage, on le sait, détruit plus qu'il ne consomme ; il est tourné en habitude depuis quelque tems parmi une classe de délinquans encouragés par l'impunité, et plus excités par l'avarice que déterminés par le besoin. L'on n'a vu que trop souvent des ouvriers, et jusqu'à des artisans, refuser de l'ouvrage et déserter leurs ateliers, pour se livrer à ce détestable négoce.

L'ordre va renaître, on n'en saurait douter ; tous les efforts se réunissent pour nous retirer de la pénurie dans laquelle une trop longue insouciance nous a plongés. Mais, pour que les remèdes soient suffisans, il importe de connaître exactement toute l'étendue du mal.

Suivant un état de la quantité des bois nationaux

I

et des bois des communautés d'habitans dans chaque département , état dressé d'après les renseignemens que le comité des domaines s'était procuré , la totalité des bois nationaux monte à   3,338,261 arp. 60 perch.

Et les bois des communautés d'habitans à   2,202,134   48

Total 5,540,696   8

M. Tellès d'Acosta , ancien grand-maître des eaux et forêts de la Champagne , évalue à 7,560,295 arpens la quantité des bois possédés par des particuliers. Si son apperçu est juste , la quantité absolue de tous les bois du royaume ne monte qu'à 13,100,691 arpens (1).

Quoique nos bois se coupent à différens âges, pour simplifier le calcul , nous supposerons qu'ils se coupent moyennement à vingt ans. D'après cette hypothèse , la coupe , dans le royaume , est de 655,034 arpens , à diviser entre vingt-quatre millions d'habitans , ce qui réduit chaque tête à la consommation d'un trente-septième d'arpent de vingt ans d'âge , le fort compensant le faible ; car si quelques provinces consomment très-peu de bois , telles que la Provence et le Languedoc ; s'il en est d'autres où l'on brûle de la tourbe ou du charbon de terre , telles que la Flandre , l'Artois , le Forez , etc., par-tout il faut du bois pour la charpente , la menuiserie , le four et la cuisine.

Paris , dont la population n'est guère que le quarantième de la population de la France , consomme à

____

(1) Voyez *Plan d'une nouvelle administration pour les foréts de France* , Paris , 1791 , page 23. L'auteur a fait son arpentage d'après la carte générale de l'observatoire. Il n'a donc pu juger que par une approximation nécessairement fautive , puisqu'il n'a eu aucun égard aux clairières , qui certainement n'ont pas été dessinées dans la carte. D'un autre côté , il n'y a point été fait mention des petits bois de trente , cinquante , quatre-vingts arpens , et cependant il en existe un grand nombre. Ces deux erreurs étant en sens contraire , on peut supposer qu'elles se compensent.

lui seul au-delà du quatorzième des 655,000 arpens qui se coupent dans le royaume, puisque, sans compter le charbon, il s'y importe annuellement environ 3oo,ooo cordes de bois provenus de la dépouille de 47,5oo arpens, à raison de huit cordes par arpent, suivant l'évaluation de Duhamel, et en compensant les fagots qu'un arpent produit par le charbon que nous n'avons pas compté. Nous nous abstiendrons également de porter en compte l'importation en bois carrés pour la charpente et la menuiserie, parce qu'ils proviennent en partie des baliveaux de ces mêmes arpens qui ont déjà fourni le chauffage.

Si de cette quantité déjà infiniment petite d'un trente-septième d'arpent par tête, on soustrait encore le bois que consument les forges, les usines, les verreries, toutes les manufactures enfin qui s'alimentent avec du bois, à peine restera-t-il un quarantième d'arpent pour chaque tête de consommateur.

Telle est notre situation. Puissé-je, en l'exposant, déterminer les consommateurs, quels qu'ils soient, à la plus sévère économie en ce genre! Il n'est point de luxe aussi désastreux. Qu'un particulier dissipe son patrimoine, le numéraire qu'il dépense mal-à-propos passe en nature en d'autres mains qui sauront en faire un meilleur usage ; mais l'homme qui, pour étaler un faux luxe, consomme en bois au-delà du besoin, nuit à tous sans grande utilité pour lui-même ; il anéantit la substance qu'il prodigue.

En admettant la nécessité de remettre l'équilibre entre la consommation et la reproduction des bois, il est clair qu'il ne peut s'établir que par la diminution dans la dépense, ou par l'augmentation dans le produit, ou mieux encore, et pour plus prompte restauration, par le concours de ces deux principes d'économie.

Ainsi aucun des moyens, s'ils sont justes, qui tendront à consommer moins, à conserver mieux,

à produire plus , ne doit être négligé. Quelque mo-
dique qu'il soit , ne perdons jamais de vue cet équilibre qu'il nous faut atteindre , et que la plus petite
amélioration cesse d'être faible , dès qu'elle se répète
sur treize millions d'arpens.

La sagesse éprouvée des administrateurs qui vont
être chargés de nos forêts, un grand usage , un coup-
d'œil exercé, la parfaite connaissance des terrains,
des localités , des convenances particulières , tout
nous annonce de leur part les plus heureux succès.
Mais nous les invitons à se défier des préjugés , des
routines invétérées , de ces généralités enfin qu'on
applique à tout sans distinction et sans un examen
approfondi. Nous les exhortons de s'étayer des principes d'une saine physique dans l'application particulière des réformes à proposer et à ordonner. Des
observations faites avec du savoir et des soins , sont
un moyen infaillible d'augmenter les reproductions
forestières , puisqu'elles garantiront de prendre quelquefois le change sur les vraies causes de quelques
défauts, de quelques détériorations , de quelque
manque de succès , auxquels on pourvoit mal parce
que les causes en sont mal apperçues. Les difficultés
s'applaniront sans doute , on remplira les vides avec
plus de choix , de sûreté et de succès , lorsque le tempérament et les autres qualités individuelles de chaque
espèce de bois seront mieux connus.

Cet ouvrage sur l'histoire naturelle des arbres
manque encore à l'économie forestière ; mais la société royale d'agriculture sait que l'on y travaille , et
que la publicité en a été suspendue afin que l'auteur
rendît son ouvrage moins défectueux , en joignant
quelques observations nouvelles aux nombreuses et
savantes observations qu'il doit à la bienfaisance de
M. de Malesherbes.

Dans quelques grandes parties d'administration des
forêts autrefois domaniales , on a jugé à propos de
diviser les ventes par coupes réglées de vingt-cinq ,

trente, quarante, soixante, et jusqu'à quatre-vingts ans. Nous n'osons blâmer ouvertement cette disposition, parce que ce sont en général des personnes très-éclairées et parfaitement intentionnées qui ont ordonné ces divers aménagemens, et parce que, si ce n'est pas avoir tout-à-fait atteint la perfection, c'est du moins avoir fait un grand pas vers le bien, que d'avoir établi des principes et de la règle, quand même ces principes ne seraient pas d'une justesse rigoureuse.

Cependant nous remarquerons qu'il est entré nécessairement un peu d'arbitraire dans ces dispositions trop générales ; car d'après quelle base peut-on assurer, par exemple, que le bois réglé à vingt-cinq ans ait atteint son *maximum*, et que celui réglé à quatre-vingts ans ne l'ait pas outre-passé ? La connaissance des différentes natures de terrains, dira-t-on, l'habitude d'observer l'aspect des différens degrés de vigueur ou de faiblesse d'un taillis, en ont décidé. Mais cette manière de juger n'est-elle pas sujette à quelque erreur ? En voici, je crois, la preuve.

Une vaste forêt, essence de chêne, située sur un excellent fonds, dont la dépouille approvisionne Paris, était réglée à quatre-vingts ans d'âge. Quelques changemens à faire dans la distribution des coupes, ayant mis dans le cas de les anticiper sur quelques parties qui furent coupées à quarante ans, l'arpent en fut poussé par les enchérisseurs presque au même prix qu'ils donnaient de l'arpent de quatre-vingts ans. Interrogés sur cette bizarrerie, ils donnèrent pour raison que le bois de quarante ans était parfaitement sain, et faisait l'ornement de leurs chantiers, au lieu que le bois de quatre-vingts ans, quoique plus gros, était déjà altéré dans le cœur.

Surpris de la singularité de ce fait, dont il ne m'est pas plus permis de douter que si j'en avais été le témoin, j'ai cherché la cause d'un dépérissement aussi prompt ; car, encore une fois, le terrain est représenté comme profond et fertile , le taillis y croît dans les commencemens avec une extrême activité, et très-certainement un chêne de quatre-vingts ans ne saurait être naturellement sur le retour dans un pareil sol. D'ailleurs, si le grossissement avait continué d'une manière uniforme, le brin, à quatre-vingts ans, aurait dû être quatre fois plus gros qu'à quarante, suivant la loi du carré des diamètres ; et malgré un peu d'altération dans le cœur, le prix de la vente s'y serait proportionné.

Je ne fais presqu'aucun doute que cette altération précoce et subite ne provienne de l'excès même de la fertilité du sol. Les brins, tant qu'ils sont jeunes, y croissent et grossissent également et très-vite : plus âgés, ils se dérobent mutuellement la nourriture ; et comme ils sont d'une force semblable, aucun d'eux n'est étouffé ; ils s'affament donc réciproquement, ils languissent et le cœur s'altère, ce qui en est une suite inévitable.

J'ai prié la personne très-instruite qui m'a fait ce récit intéressant, de vouloir bien abattre quelques brins de quatre-vingts ans dans les massifs de cette forêt, de comparer le diamètre des quarante premières couches près du centre, avec celui des quarante années suivantes, et d'examiner près de quelques clairières si les brins n'y auraient pas acquis sensiblement plus de grosseur que dans le plein massif, sans que le cœur fût altéré. Si ma conjecture est juste, si l'épaisseur des couches annuelles diminue sensiblement, après quarante ans, dans les brins crus en massif ; si au contraire leur épaisseur se soutient dans les arbres situés près des clairières, ce n'est plus suivant l'âge de quarante, ni suivant l'âge de quatre-vingts ans que cette forêt doit être aménagée, il faut la convertir en futaie au moyen des éclaircies successives.

Mais, relativement à ces aménagemens par éclaircies, et au mesurage des brins pour déterminer le *maximum* d'un taillis, il m'a été proposé quelques questions auxquelles je vais répondre.

On m'a demandé comment, dans une grande forêt où se trouveraient à volonté des cantons de taillis de différens âges, j'établirais les expériences, et si, par leur moyen, on parviendrait à fixer, 1°. l'âge auquel, après une première éclaircie, il faudrait la renouveller; 2°. le nombre des brins qu'il conviendrait de laisser subsister; 3°. si l'avantage résultant de ces éclaircies, dépenses déduites, peut être déterminé avec précision; 4°. enfin si la même méthode est applicable à toutes sortes de terrains et à des taillis de différens âges.

J'estime qu'on peut établir la première expérience ainsi qu'il suit :

On choisira dans un taillis de vingt ans, mais réglé pour n'être coupé qu'à quarante ans (ce qui suppose que le sol a de la profondeur), on choisira, dis-je, un canton bien conservé où il n'y ait pas de clairière. On tracera en ligne droite un sentier de quatre pieds de largeur sur une longueur de dix perches. Aux deux extrémités on tracera un sentier pareil à angle droit, et on terminera par un quatrième sentier l'enceinte, qui contiendra juste un arpent.

On comptera tous les brins de cet arpent qui excéderont deux pouces de diamètre, ce qui n'est ni long, ni difficile, ni aussi fautif qu'on pourrait d'abord le penser. Pour cette opération on se pourvoira de trois ou quatre cordeaux de jardinier, armés d'un piquet à l'une des extrémités. Au moyen de ces cordeaux, dont on dirigera l'alignement, nécessairement un peu tortueux, d'un des bords de l'arpent au bord correspondant, à la distance, si l'on veut, de six pieds, il ne sera certainement pas difficile, en se renfermant dans cette étroite enceinte, de compter tous les brins contenus entre les deux cordeaux, sur-tout si on a eu soin de les maintenir à deux ou trois pieds de hauteur, afin qu'ils soient plus aisément apperçus.

Au moyen d'une espèce de chapelet composé de cent anneaux divisés de dix en dix , on se méprendra peu sur le nombre. L'opération ne doit pas durer deux heures , si , pendant que l'on comptera une tranche, deux ouvriers placent un cordeau plus loin , et si un troisième , avec une serpe , désobstrue le passage en faveur de la personne qui , en comptant , ne doit pas être distraite.

On tracera de la même manière un second arpent, dans un canton où le taillis aura quarante ans d'âge ; on en comptera également les brins. Vraisemblablement ils ne monteront pas à la moitié de ceux qu'on aura comptés dans l'arpent de vingt ans ; cependant il faut s'en assurer. Or , s'il est prouvé par le résultat que les brins de quarante ans ont étouffé la moitié des brins dont l'arpent était chargé à l'âge de vingt ans , je demande déjà si ceux-ci n'ont pas été entièrement perdus pour la consommation , et si nous sommes en situation d'en faire le sacrifice (1).

On fera éclaircir l'arpent de vingt ans ; on le réduira , je le suppose , à peu près au même nombre de brins dont l'arpent de quarante ans s'est trouvé chargé, et cependant on en recommencera le dénombrement ' après l'éclaircie , pour avoir au juste la quantité des brins qu'on aura laissé subsister.

Il sera choisi vingt brins dans le taillis éclairci , ils seront numérotés ; on en prendra le diamètre avec

____

(1) J'adresse cette question principalement à ceux qui , égarés par les préjugés d'une ancienne routine qu'ils nomment *expérience* , rejettent avec dédain toute espèce de nouveauté , qu'ils appellent *systéme.* Je les invite , lorsqu'ils abattront un taillis dont les brins seront très-rapprochés , d'examiner avec attention la marche des couches annuelles. Assez constamment ils reconnaîtront près du centre douze à quinze couches épaisses, suivies d'autres couches qui se rétrécissent à mesure qu'elles se rapprochent de l'écorce. Pourront-ils rendre raison de ce phénomène , sinon en convenant que le brin a été amaigri par défaut de nourriture ?

Ainsi , non-seulement le bois déjà existant , puis anéanti , a été perdu pour la consommation , comme on l'a dit , mais il a nui au grossissement des brins qui lui ont survécu à dater de l'époque où les couches ont commencé de se rétrécir , ce qui constitue évidemment une double perte.

le compas courbe , on en tiendra registre. A côté et dans une partie du taillis du même âge qui n'aura pas été éclairci , on choisira vingt brins qu'on numérotera , et dont on prendra également la mesure.

Tous les ans on peut recommencer ce double mesurage , enregistrer les accroissemens , reconnaître et rafraîchir les numéros , l'expérience sera plus exacte. Mais cette régularité , qui pourrait paraître minutieuse , n'est pas de rigueur , car la différence dans les progrès ne sera bien sensible qu'après quelques années.

Supposons que le taillis éclairci soit parvenu à l'âge de vingt-cinq ans , mesurez à cette époque les vingt numéros. Si leur diamètre se trouve avoir augmenté d'un quart en sus de ce qu'il était à vingt ans ; par exemple , si , à vingt ans , la moyenne proportionnelle des vingt diamètres étant de 6 pouces , elle se trouve , à vingt-cinq ans , de 7 pouces et demi , l'opération de l'éclaircie a été très-bonne ; si elle se trouve excéder 7 pouces et demi , elle a été excellente.

Veut-on ensuite savoir au juste de combien , pendant ces cinq années, le grossissement du taillis éclairci aura surpassé le grossissement du taillis non éclairci? Carrez les diamètres que le compas courbe aura déterminés dans les deux époques , en suivant la méthode indiquée (pag. 20 et suiv.) , le calcul donnera avec précision cette différence que l'on cherche (1).

(1) Voici un exemple de la manière dont ce calcul peut être fait. Supposons que les vingt diamètres mesurés dans le taillis éclairci à l'âge de vingt ans , étant additionnés ensemble , aient donné 120 pouces , la moyenne proportionnelle sera 6 pouces ; car 120 , divisé par 20 $=$ 6 , dont le carré $=$ 36.

Supposons qu'à l'âge de vingt-cinq ans la somme des diamètres de ces mêmes vingt numéros soit 150 , la moyenne proportionnelle sera 7 un demi ; car 150 , divisé par 20 $=$ 7 un demi , dont le carré $=$ 56 un quart.

Si nous supposons ensuite que la moyenne proportionnelle des vingt diamètres choisis dans le taillis non éclairci , ayant été également de 6 pouces à l'âge de vingt ans , n'ait cru , pendant les cinq années suivantes , que jusqu'à la concurrence de 7 pouces , dont le carré $=$, 49 , nous avons cette proportion :

Cinq ans après, lorsque le taillis aura trente ans, recommencez vos mesurages. Si à cette époque vous appercevez que le grossissement du taillis éclairci aille en déclinant, c'est-à-dire, si les couches annuelles cessent d'être aussi épaisses que pendant les années précédentes, cet accident provient ou de ce que les arbres sont encore trop serrés (et alors il faut en venir à une seconde éclaircie), ou de ce que le terrain n'est pas assez fertile pour entretenir le grossissement ordinaire. Dans ce dernier cas assurez-vous de l'instant du *maximum* physique par la méthode expliquée (*ibid.* pag. 14 et suiv.), et fixez la coupe du taillis à cette époque.

Mais comment distinguer de laquelle de ces deux causes vient l'accident ? Rien de plus simple.

Toutes les fois que le grossissement des brins de chêne, *raisonnablement espacés*, ne surpasse pas 6 lignes de tour par année, le sol manque de fertilité. Toutes les fois que le grossissement, après avoir commencé de décliner, surpasse néanmoins 9 lignes de tour, le terrain est très-fertile ; mais les brins sont trop rapprochés, il faut éclaircir.

Je crois encore qu'on peut en général établir pour règle que, si le terrain est tel que les brins de chêne, raisonnablement espacés, y prennent annuellement moins de 7 à 8 lignes de tour, il y aurait peu de bénéfice à vouloir lui faire porter de la futaie. Que si, au contraire, les brins y grossissent à raison de 12 lig. et au-delà, il y aurait lésion, et pour l'état et pour le propriétaire, à n'y pas établir de la futaie, en

---

L'accroissement du taillis éclairci depuis vingt à vingt-cinq ans est à l'accroissement du taillis non éclairci comme 56 un quart moins 36 est à 49 un quart moins 36, ou comme 20 est à 13.

Je dis moins 36, parce que ce nombre est, par l'hypothèse, l'expression du grossissement des vingt premières années dans l'une comme dans l'autre série des numéros, et qu'il faut bien le soustraire, puisqu'il s'agit de déterminer seulement la différence du grossissement pendant les cinq années depuis vingt ans jusqu'à vingt-cinq.

entretenant, par des éclaircies, la permanence d'un grossissement aussi avantageux.

On me demandera peut-être ce que j'entends par *raisonnablement espacé.* C'est ici que la précision devient difficile ; cependant on peut encore donner quelque règle à cet égard.

Duhamel compte neuf cents brins dans un arpent de vingt ans. Ainsi il leur donne environ 54 pieds carrés pour étendre leurs racines, et leur distance moyenne entre eux est de 7 pieds un tiers. Cette distance ne serait pas suffisante pour des arbres qui auraient passé vingt ans, et l'on se moquerait, même à Paris, où l'appétit des promptes jouissances fait entasser les arbres, d'un planteur qui n'espacerait qu'à 7 pieds des arbres de 25 pouces de tour. Cependant dans une forêt les brins doivent en même tems grossir et s'élever. S'ils ne sont pas un peu gênés, ils ne s'élèvent pas ; s'ils le sont trop, ils s'affament, restent maigres, et le bois est de mauvaise qualité. Il faut donc prendre un milieu entre le trop et le trop peu. C'est ce qui m'a déterminé, lors de la première éclaircie, à réduire à quatre cents cinquante le nombre des brins, qui resteront espacés entre eux moyennement de 10 pieds un tiers depuis vingt jusqu'à quarante ans. De quarante à soixante ans, je leur donne environ 14 pieds de distance moyenne ; de soixante à quatre-vingt, 18 pieds et demi ; de quatre-vingt à cent ans et au-delà, 26 pieds un quart. Voilà ce que j'ai entendu par *espacer raisonnablement* (1).

On peut encore donner pour règle générale que, plus le terrain est fertile, plus les arbres doivent être espacés largement. La raison en est sensible : dans un tems donné (prenons soixante ans pour exemple), un arbre qui aura grossi à raison de 12 lignes par an, sera au-delà du double plus fort qu'un arbre qui n'aura

____

(1) *Voyez* le second mémoire, page 49 et suiv.

pris que 8 lignes annuellement ; il exige donc plus d'espace (1).

Dans un écrit lu à la société royale d'agriculture, on m'a reproché de n'avoir admis que soixante-dix arbres par arpent de futaie, et de n'en avoir pas doublé le nombre. Mais, indépendamment de ce que je me suis déterminé par l'observation, j'ai à répondre que le carré de 5 pouces, diamètre d'un brin de vingt ans, est au carré de 25 pouces, diamètre d'un arbre de cent ans, dont le grossissement uniforme est supposé de 9 lignes de tour, comme 25 est à 625, ou comme 1 est à 25. Donc, en faisant grace à mon critique de la différence dans les hauteurs, il faut à l'arbre de cent ans vingt-cinq fois autant d'espace pour le nourrir qu'il en fallait au brin de vingt ans. Mais nous avons trouvé que 54 pieds carrés suffisaient à peine au brin de vingt ans ; donc il en faudrait au moins 1350 pour un arbre vingt-cinq fois plus gros. L'arpent alors ne pourrait guère contenir que trente-six arbres, espacés à la distance moyenne de 36 pieds trois quarts. Eh ! qui assurera que cet intervalle soit trop fort pour des arbres qui doivent atteindre 10 à 12 pieds de tour ? Quiconque aura examiné le vide qui se trouve ordinairement autour d'un arbre de ce volume, sera peu surpris de la conclusion. Mais on ne veut pas faire attention qu'en surchargeant les futaies, on a plus d'arbres et moins de bois. On ne peut donc à cet égard trop multiplier les observations et les calculs, dont les élémens qui nous manquaient sont enfin trouvés.

Alors cessera peut-être l'interminable querelle de la préférence à donner au bois des baliveaux sur les bois des arbres crus en massifs. La méthode des baliveaux, tant préconisée par les uns, tant décriée

Le diamètre de cet arbre sera, par l'hypothèse, de 20 pouces, et le diamètre du deuxième arbre sera de 13 pouces un tiers. Le carré de 20 est 400, le carré de 15 un tiers est 177 cinq sixièmes.

par les autres, n'est au fond qu'une éclaircie mal faite. On a pris trop long-tems le change sur les causes du peu de nerf des bois crus en massif, en l'attribuant au défaut d'air. L'air manque au milieu d'une forêt! et cette niaiserie se répète en vingt volumes! Si l'on avait mieux étudié la nature, et plus attentivement médité les belles expériences de Malpighi, Halles, Duhamel et Buffon, et l'excellent ouvrage de M. Bonnet sur l'usage des feuilles dans les végétaux, on aurait reconnu que la maigreur des arbres venait du défaut d'espace, de soleil et de nourriture, leur faiblesse de leur maigreur, et que le dernier degré de perfection dont notre économie forestière est susceptible, consiste en ce que la terre, en tout tems chargée de tout ce qu'elle peut rapporter pour avoir la quantité, ne soit en aucun tems chargée au-delà de ce qu'elle doit produire pour obtenir la qualité. Or, je n'apperçois de moyens pour y parvenir, que celui des éclaircies, combinées d'après des observations suivies sur le grossissement.

D'ailleurs, une futaie, pour l'ordinaire, n'est pas uniquement garnie en chêne. Si l'on s'abstient d'éclaircir, que deviendront les arbres dont la vie ne se prolonge pas autant que celle du chêne, tels que l'orme, le frêne, le hêtre, etc.? Nécessairement ceux-ci périront sur place, ou bien les chênes seront abattus avant d'avoir atteint leur *maximum*.

Nous venons de décrire la manière d'établir les expériences dans une grande forêt; nous avons vu comment le déclin du grossissement conduisait à fixer l'époque du renouvellement des éclaircies; nous avons présenté les bases qui décident du nombre des brins qu'il conviendra de réserver à quelque époque que ce soit. D'après ces principes, il est facile de déterminer avec précision le produit de la masse entière, puisque les résultats obtenus sur une couple d'arpens s'appliquent à tous les arpens d'une nature semblable existans dans la même forêt, et l'aménagement pour cette partie de la forêt étant une fois décidé, il l'est pour toujours.

Mais les terrains varient, sur-tout dans une vaste étendue ; et l'on demande si la même méthode est applicable à toutes sortes de terrains. Elle y est applicable sans doute : les résultats ne seront pas les mêmes, puisque les données diffèrent, mais les principes sont invariables. Ceci exige néanmoins quelque développement.

D'abord dispensons-nous d'éclaircir des bois naturellement dégarnis, tels qu'on en voit sur la cîme des montagnes, au milieu des roches : tout au plus pourrait-on soulager quelques souches de l'excès des brins qui les surchargeraient ; mais cette opération ne peut guère concerner les bois nationaux.

L'éclaircie ne sera pas non plus fort utile sur des taillis peu touffus dont le grossissement sera constamment au-dessous de 6 lignes. Il ne s'agit, et pour les uns et pour les autres, que de reconnaître leur *maximum* de croissance ; cette époque une fois déterminée, il n'y a plus à y revenir.

L'éclaircie peut être avantageuse sur un taillis d'abord vigoureux, mais dont le grossissement décline. On se décidera d'après les moyens que j'ai indiqués pour reconnaître si la cause du déclin provient du terrain, ou du trop grand rapprochement des tiges.

A l'égard des autres taillis, il ne saurait y avoir plus de difficulté de répéter l'expérience, telle que je l'ai proposée, sur un bois réglé ci-devant à vingt ou trente ans, que sur un bois réglé à quarante, à soixante ou à quatre-vingts ans, ni d'en appliquer les principes à un taillis dont le grossissement moyen est de 7 lignes, qu'à un taillis dont le grossissement est à raison de 9 ou de 12.

Mais, en admettant, m'a-t-on objecté, que la méthode des éclaircies soit physiquement avantageuse, en admettant que son utilité soit démontrée par les observations rapportées pages 11 et 24 du premier mémoire, sera-t-elle praticable dans une grande exploitation, celle, par exemple, où se trouveraient trois à quatre mille arpens réductibles en futaies ? Qu'un particulier fasse éclaircir un bouquet d'une vingtaine d'arpens, qu'il y emploie des ouvriers à la journée, il le peut, rien ne le gêne ; il dirige l'opération lui-même, ou la fait diriger par un maître-ouvrier intelligent ; on ne coupera que les brins qu'il faut couper, on épargnera tous ceux qu'il conviendra d'épargner. Mais il n'en est pas de même à l'égard d'une vaste forêt : où trouver la quantité d'ouvriers nécessaires ? D'ailleurs tout marché à la journée doit être banni d'une exploitation de ce genre, comme sujet à de trop grands inconvéniens. Si au contraire on prend le parti d'adjuger la dépouille d'une éclaircie comme on adjuge la coupe d'un taillis, l'intérêt de l'adjudicataire le portera à abattre beaucoup plus de brins qu'il n'aurait dû ; et loin de réserver les plus belles tiges, il ne laissera subsister que les plus chétives : le marché serait donc mauvais, et conséquemment impraticable.

Cette objection est forte ; mais les difficultés qu'elle présente ne me paraissent pas, à beaucoup près, insurmontables.

En parlant, pag. 51, de l'éclaircie faite sur vingt-trois arpens de treize ans d'âge, on a dit qu'elle avait coûté 600 liv., ou, ce qui revient au même, qu'elle avait employé sept cents cinquante journées à 15 s. C'est à raison de trente-deux journées deux tiers par arpent.

Bornons, si l'on veut, à cent trente le nombre des journées propres au travail pendant les six mois d'hiver ; il en résulte, premièrement, que six mille cinq cents trente-deux journées, ou cinquante ouvriers pendant cent trente jours, pourront éclaircir deux cents arpens ; en second lieu, que quatre mille arpens seront éclaircis dans l'espace de vingt ans, auparavant qu'on soit obligé de revenir sur les premières éclaircies pour les renouveller.

D'ailleurs on voudra bien remarquer que, dans l'expérience faite sur les vingt-trois arpens, il s'agissait d'un taillis de treize ans, et qu'ainsi il y avait plus be brins à exploiter, plus d'embarras pour les sortir, et conséquemment plus de tems à employer que si le taillis eût eu vingt ans ; que ces ouvriers n'étaient pas encore fort exercés à ce genre de travail, et que, suivant toute apparence, l'ouvrage, à la seconde époque, exigera moins de frais.

Dans une grande forêt, les ouvriers ne travailleront point à la journée ; leur salaire sera réglé par corde, par toise de charbonnette, par cent de fagots sortis et rangés hors de l'éclaircie. Dix ouvriers abattront pendant que les quarante autres façonneront ; un surveillant suffira pour diriger l'opération de l'abattage, conformément aux instructions qui lui auront été données, et la marchandise sera vendue sur place par adjudication, avec cette différence qu'étant ouvrée, elle sera à la portée d'un plus grand nombre de concurrens (1).

Loin d'entrevoir aucun abus dans cette opération, j'y découvre, indépendamment des bénéfices physiques de l'éclaircie, quelques avantages moraux.

(1) Les éclaircies doivent se faire à la journée, non à forfait, avons-nous dit page 14 du premier mémoire. Dans une grande forêt les ouvriers ne travailleront point à la journée, disons-nous dans celui-ci. Cette contradiction qu'on pourrait nous reprocher n'est qu'apparente, et s'évanouit si l'on fait attention à ce qui précède et ce qui suit ces deux phrases.

Dans le premier mémoire il est question d'un taillis très-jeune, d'une étendue médiocre, et d'employer des ouvriers novices à un genre de travail qui ne doit pas être répété tous les ans. Dans cette circonstance, il serait difficile de conclure un marché dont les bases seraient mal connues du propriétaire et de l'entrepreneur. Ici, au contraire, le taillis est supposé avoir au moins vingt ans d'âge, l'étendue en est vaste, la dépouille considérable et d'une grande valeur ; et comme l'opération doit se renouveller tous les ans, les ouvriers et l'ordonnateur, devenus plus habiles, pourront conclure leur marché en connaissance de cause : le point essentiel, dans l'un comme dans l'autre cas, consiste en ce que le prix de l'éclaircie ne soit point fixé par arpent.

Le

Le plus important de tous est l'entretien constant, pendant les six mois de l'année les plus difficiles, de cinquante ouvriers employés utilement pour eux-mêmes, pour leur famille, pour la chose publique, à mettre dans le commerce une matière de première nécessité dont nous manquons, et qui eût été perdue.

Si les cinquante ouvriers sont choisis dans la classe de ces malheureux qui ne construisent des barraques auprès de la lisière des bois que pour y vivre plus commodément à l'aide des dégâts qu'ils y commettent, la forêt se trouvera purgée vraisemblablement de cinquante picoreurs, sur-tout si l'on inflige aux délinquans la très-grande punition de les renvoyer de l'atelier irrémissiblement.

Les autres moyens d'extirper la maraude, de parer au dommage incalculable de la vaine-pâture, de circonscrire des droits d'usage trop arbitrairement exercés, tiennent plus à l'administration proprement dite qu'à l'histoire physique des forêts. Comme ils ont été déjà profondément discutés, je m'abstiendrai d'en parler. Mais je ne puis me lasser de répéter, d'après Bernard de Palissy, qu'aujourd'hui, plus que dans le siècle où cet homme si justement célèbre a vécu, « les plus moindres gîtes des arbres et épines, voire » les plus méprisés, doivent être tenus en plus » grande estime que non les minières d'or et d'ar- » gent ».

Le premier de ces trois mémoires a été lu par l'auteur au conseil-général du département de l'Ain, qui, par sa délibération du 17 Novembre 1790, a ordonné que copie en serait adressée à l'assemblée nationale et à son comité d'agriculture.

La société royale d'agriculture, dans ses séances des 22 mai et 14 Novembre, 1791, a arrêté que les trois mémoires seraient imprimés à ses frais, et présentés par elle à l'assemblée nationale, et au ministre des contributions publiques, chargé du maintien et de l'exécution des lois forestières.

L'auteur se propose de traiter, dans un quatrième écrit, des moyens les plus économiques de repeupler les clairières, de semer les futaies abattues, et de planter ou de semer les terres vagues, quelle que soit leur nature.

On trouvera des compas courbes gradués chez M. Meurand, ingénieur en instrumens de mathématiques, quai de l'Horloge, n°. 67, à Paris.

C'est avec le plus grand plaisir que nous indiquons ici quelques autres objets que fabrique le même ingénieur, aussi recommandable par sa rare probité et l'estime générale du public, que par les talens qui le distinguent dans sa profession :

Graphomètres à lunettes de différens diamètres, donnant les minutes de 5 en 5 ou de 2 en 2, avec boussoles à aiguilles à chape d'agate dans leurs étuis.

Graphomètres à pinnules avec ou sans boussole, depuis 6 jusqu'à 12 pouces, et leurs pieds à douille de cuivre, si on le désire.

Niveaux à deux lunettes, et les bords divisés à l'ancienne et à la nouvelle mesure.

Niveaux à une seule lunette, etc.

Boussoles à lever les plans, de travail varié.

Boussoles déclinatoires, à chape d'agate.

Equerres d'arpenteurs, de forme octogone, fendus à quatre et à huit fentes, pour pouvoir donner des angles de 90 et de 45 degrés.

Etuis de mathématiques complets, composés de quatorze pièces, à la française.

Les mêmes étuis, mais les compas à pointes brisées et allonges, aussi à la française.

Les mêmes étuis, mais les compas à pince, ou à l'anglaise.

Cassettes complètes en acajou, doublées en velours et fermant à serrure, renfermant trois compas à pointes brisées, et deux grands rapporteurs de six pouces, divisés en demi-degrés.

Autres cassettes plus simples.

Compas à la française ou à l'anglaise, simples, ou à pointes brisées et allonges de différentes grandeurs.

Alidades à lever les plans, soit à lunettes, soit à pinnules.

Echelles métriques de différentes proportions, et autres échelles à l'ancienne mesure.

Pantographes de 34 pouces, dans leurs étuis, propres à réduire et copier les cartes.

Cadrans solaires en cuivre pour les jardins, et autres.

Chaînes métriques de différentes grandeurs, planchettes garnies de leurs triangles, etc. ; niveaux de fer-blanc, de cuivre, niveaux de pente, compas de réduction, etc.

Enfin une infinité d'objets destinés à la marine, à la guerre, aux eaux et forêts, et à tous les arts et sciences qui emploient le secours des instrumens de mathématiques.

RÉPONSE

*Aux Observations adressées par M. le M. de B......
à la Société royale d'Agriculture, au sujet des
Mémoires de M. de Fenille sur l'administration
des foréts.*

LE mémoire auquel je réponds offre un nouvel exemple
des mille et mille contradictions si souvent et si justement
reprochées aux auteurs qui ont écrit sur l'agriculture. Cependant la science dont ils traitent est principalement fondée sur
des faits. Par quelle fatalité la plupart de leurs résultats diffèrent-ils donc aussi essentiellement ? Pourquoi leurs assertions
sont-elles aussi fréquemment contradictoires ? C'est que l'*expérience*, qu'ils ne manquent jamais de mettre en avant, à
l'appui de leurs assertions, est un mot employé par eux dans
deux acceptions différentes. De là naissent le sophisme, et du
sophisme les contradictions.

Si, par *expériences*, on entend des épreuves particulières
faites spécialement, et par des mains un peu habiles, sur un
objet soumis à l'examen, ces épreuves donnent presque toujours des vérités et des résultats rarement contredits.

Si au contraire on entend seulement par *expérience* cette
connaissance vague, acquise par un long usage des choses,
sans beaucoup de réflexion et sans un examen approfondi,
plus cet usage est invétéré, plus il confirme le préjugé, la
routine et l'erreur.

Lorsque le célèbre Buffon, après avoir conçu et généralisé
la belle idée du *maximum* de la croissance des bois, désirait
qu'on trouvât une méthode qui pût le déterminer avec précision ; lorsqu'il donnait ce problême à résoudre aux physiciens
qui travailleraient après lui sur les forêts, le mot *précision*
dont il s'est servi, proscrivait d'avance des bases aussi indéterminées, aussi arbitraires, aussi fautives que le sont des
ventes, dont le prix dépend le plus souvent de la fantaisie de
l'acheteur, ou de l'ignorance du vendeur, ou du caprice instantané d'un adjudicataire qui se détermine à la chaleur des
enchères.

J'ai dû, en suivant la route que le plus beau génie du siècle m'avait tracée, fonder ma méthode sur des bases immuables et d'éternelle vérité, sur des bases mathématiques, dont l'application n'admet aucune autre erreur que celles qui proviennent de l'imperfection de l'instrument dont on se sert pour le mesurage.

Ma méthode n'est point par elle-même une expérience, mais elle est le développement démontré d'un procédé à suivre pour faire des expériences avec certitude : choses très-différentes, et que néanmoins M. de B......, qui m'a critiqué, a confondues.

« L'application de votre méthode, m'a-t-il dit, sur un
» certain nombre de brins ou d'arpens, et ces calculs minu-
» tieux ressemblent beaucoup aux spéculations de nos culti-
» vateurs prétendus qui, n'ayant jamais fait d'*expériences* que
» dans des pots ou des caisses sur leurs fenêtres, calculent le
» nombre des grains de blé provenans d'un épi cru dans ces
» vastes terrains ; et sans *n'avoir jamais vu* tant *seulement* un
» arpent de terre cultivé, *envoient leurs idées* comme des
» oracles aux cultivateurs que *l'expérience* a souvent *plus*
» *éclairés que tous les raisonnemens* ».

Sans m'arrêter à ce mot *expérience* pris en deux sens très-différens dans le même paragraphe ; sans m'arrêter ni au peu de confiance que s'attire *l'expérience* qui n'est point *éclairée par le raisonnement*, ni au peu d'indulgence de M. B......, je prendrai la liberté de lui répondre que, dès l'instant qu'il m'aura fait appercevoir la plus légère différence entre des chênes crus au milieu de vingt arpens, et des chênes crus au milieu de vingt mille arpens, en supposant l'âge égal et les terrains semblables, j'admettrai sa comparaison.

La découverte d'une méthode pour connaître avec exactitude les grossissemens progressifs d'un taillis, m'a conduit naturellement au système des aménagemens par éclaircies, que je n'ai proposé néanmoins qu'après en avoir fait l'épreuve.

M. de B...... convient que cette méthode serait la meilleure de toutes, et, « à vrai dire, la seule pour former des futaies
» avec avantage, si elle était praticable. Elle peut l'être,
» ajoute-t-il, rigoureusement, en petit ; mais elle est d'une
» difficulté approchant de l'impossibilité en grand. S'il en
» était, continue l'auteur, d'une masse de bois comme d'un
» *plant d'asperges*, on pourrait aisément faire *cet éclairci* ;
» mais il ne voit que cette *parité* qui puisse rendre l'opération
» praticable ».

Je crois l'opération de l'éclaircie que j'ai proposée *praticable*, sans être tenu rigoureusement d'admettre l'ingénieuse parité de M. de B....... Depuis ma jeunesse j'ai tous les ans sous les yeux une fort belle forêt aujourd'hui nationale. Elle

appartenait aux chartreux de Bourg, et fournissait habituellement de très-beaux arbres pour la marine et une grande
quantité de merrain. Les coupes par éclaircies sont défendues
par l'ordonnance de 1669; mais ces religieux, à qui, par une
exception particulière à leur ordre, il était permis de ne se
point toujours conformer à l'ordonnance, ont constamment
coupé leurs futaies par éclaircies. J'ajouterai qu'il est impossible, à moins de vouloir tout détruire, d'exploiter autrement
les forêts de bois résineux, « ces masses de sapins et de mélèzes,
» dont la tige superbe, suivant le rapport du baron de Tshoudi,
» s'élève à une hauteur qui étonne, dont les nuages ceignent
» la tête, et que l'œil voit à peine se terminer dans le vague
des airs. (*Encyclopédie*, 1ère. édit., *Suppl.* art. MÉLÈZE (1).

Il m'est demandé si dans mes éclaircies j'ai supposé ou non
l'arpent garni de baliveaux. Il était clair, ce me semble,

(1) C'est par une méthode qui approche beaucoup de celle que j'ai
indiquée, mais que j'ignorais quand j'ai composé mon mémoire, que
s'administrent en Lorraine les quarts de réserve. « Il y est permis d'en
» couper le recru à l'âge de trente ou trente-six ans, à la charge de
» conserver tous les anciens arbres, et de laisser un certain nombre do
» baliveaux de l'âge des plus beaux et mieux venans, de manière que,
» dans le laps de cent ou cent vingt ans, on fait deux coupes du recru
» des quarts de réserve; on obtient ensuite la coupe de la totalité,
» lorsque la réserve a acquis l'âge compétent.

» L'usage de Lorraine semble préférable à celui de France : on y fait
» profiter deux fois de la coupe du recru, qui serait perdu en grande par-
» tie..... D'ailleurs ces coupes procurent le bien de nettoyer le bois, et
» de donner plus de facilité à la croissance de la futaie ». (*Traité de
l'administration des bois de l'ordre de Malte, dépendans de ses grands
prieurés, bailliages et commanderies dans le royaume de France.*
Paris. Lebreton, 1747, *in-4°.* page 125.)

» Les lois de Malte ont pourvu à la conservation des bois dépendans des
» commanderies des Pays-Bas Autrichiens et principauté de Liège, dé-
» pendans du grand-prieuré de France.

» Voici les usages d'administration. On fait chaque année, comme en
» France, des coupes réglées des taillis dans les saisons ordinaires : au
» lieu de réserver certain nombre de baliveaux dans les coupes, on oblige
» les exploitateurs de conserver tous les baliveaux et brins essence do
» chêne; en sorte que, par succession de tems, les bois taillis *devien-
* *nent des futaies* composées entièrement d'arbres chênes ».

Lorsque ces bois sont essence de bois blanc, « on oblige les exploita-
» teurs de laisser un certain nombre d'étalons les mieux venans de ces
» espèces de bois, qui par leur nature ne peuvent croître que pendant environ
» vingt-cinq ou trente ans. Ces étalons, qu'on appelle *surâgés*, sont
» exploités annuellement et séparément du taillis ou raspe ». (*Ib.* p. 176.)

M. de B...... pourrait-il expliquer comment un usage invétéré dans le
Brabant et le pays de Liège, serait d'une *difficulté approchant de l'impossibilité* dans la Champagne ?

d'après le calcul du nombre des brins à réserver et de leur distance moyenne , que j'avais supposé l'arpent sans baliveaux. Mais si l'on veut absolument qu'il en soit garni , il est également clair qu'alors la quantité des brins à réserver diminuera proportionnellement à l'espace occupé par les baliveaux.

Les vingt-trois arpens dont j'ai fait mention *ne sont point bordés par une grande route ;* ils ne le sont , de deux côtés , que par un chemin de desserte large de quinze à dix-huit pieds , sur *lequel je n'ai point fait déposer la dépouille de l'éclaircie.* Mais où la placer , cette dépouille , me dit-on , lorsque le bois aura atteint soixante-quinze à quatre-vingts ans ? Dans les clairières , qui ne sont que trop abondantes lorsque la forêt a été surchargée de baliveaux , dans les routes dont les bois d'une certaine étendue sont et doivent être percés , si l'on veut qu'ils prospèrent (1). L'auteur n'a pas fait attention qu'à mesure que les bois vieillissent et grossissent , le nombre des brins à éclaircir diminue , et les intervalles augmentent.

L'article le plus important sur lequel nous différons absolument d'opinion , M. de B...... et moi , concerne les futaies.

Suivant lui , les futaies en masse sont plutôt la destruction que la conservation des bois. Il en conclut la proscription des futaies en massifs , et leur substitue ce qu'il nomme des *futaies sur taillis ,* c'est-à-dire les baliveaux.

J'estime au contraire que le rétablissement des futaies en massif est le seul moyen de nous sauver de la disette absolue où nous sommes prêts à tomber relativement au bois de service pour la marine , pour les bâtimens civils et pour les ouvrages de fente , qui consomment annuellement une quantité immense de gros bois , sur-tout dans les pays de vignoble.

Je crois fermement , d'après le rapport des plus habiles forestiers pratiques que j'ai interrogés , d'après les nombreuses et savantes expériences des Duhamel et Buffon , que les baliveaux sont destructeurs des taillis ; et si j'osais parler de mes propres observations après avoir cité des autorités aussi

(1) Nul doute que les grandes forêts ne doivent être percées de routes allignées. Elles favorisent l'exploitation et l'exportation , elles divisent les coupes avec plus de justesse ; par elles on évite les charrières tortueuses qui occupent au moins autant d'espace , parce que , dès qu'elles sont détériorées par les ornières , on en change. Tout excès est blâmable sans doute , mais il ne faut pas non plus trop épargner les routes droites dans les forêts. Le terrain qu'elles occupent n'est point perdu pour la végétation des arbres qui y insinuent leurs racines.

Dans les provinces de l'intérieur il est à propos , autant qu'on le peut , de percer ces routes dans la direction du midi au nord.

respectables, j'ajouterais qu'elles ont achevé de m'en convaincre.

Cependant je me garderai bien d'en conclure la proscription subite des baliveaux. Dans les circonstances actuelles la nécessité nous force à en conserver précieusement l'usage, toutefois en le modifiant, jusqu'à ce que les futaies en massif soient successivement rétablies de manière à suppléer surabondamment la trop faible, mais trop indispensable ressource des baliveaux.

On voit, par cet exposé, quelles sont les opinions de M. de B...... et les miennes sur les futaies, et combien elles diffèrent. Le nom de mon adversaire est imposant, et c'est en quoi nous différons encore ; mais l'objet que nous avons traité tous deux est d'une importance si majeure, les erreurs en ce genre d'administration peuvent être si funestes, que, nonobstant mon aversion pour les disputes polémiques, je me vois entraîné, malgré moi, dans la nécessité de discuter les raisons dont M. de B...... étaie son système, et de les combattre avec d'autant plus de force, que je le crois plus dangereux.

Pour prouver que les futaies en massif détruisent les bois, M. de B...... expose, 1°. qu'à cent vingt ans, âge qu'on doit au moins supposer à la futaie lorsqu'on l'abat, les troncs trop vieux seront incapables de repousser du taillis touffu, si l'on considère la distance des souches entre elles.

Comme, loin de réserver les vieilles souches d'une futaie qu'il s'agit de repeupler, je crois convenable d'abattre en arrachant, il serait superflu de suivre M. de B...... dans ses détails sur le faible recru qu'elles produisent. Sur ce point nous sommes parfaitement d'accord.

2°. Il expose que les frais de repeuplement par la voie des plantations ou par la voie des semis sont si excessifs, qu'ils rebutent le propriétaire, et que le terrain, s'il n'est défriché pour y semer du blé, n'est plus qu'un terrain vague et sans valeur.

Cet excès de dépense, que M. de B...... trouve si rebutant, ne proviendrait-il pas de l'ignorance ou de la maladresse, et quelquefois de l'entêtement des sous-ordres auxquels les grands propriétaires tels que lui se confient ? S'il veut bien prendre la peine de relire ce que Buffon et Duhamel ont écrit sur les semis et plantations des bois, je crois qu'il insistera un peu moins sur la dépense excessive du repeuplement, et qu'il se désabusera de l'erreur de croire que *les baliveaux garantissent les jeunes taillis de la gelée.* Ils produisent précisément l'effet contraire.

A la vérité, il est à craindre que le propriétaire, alléché

par quelques récoltes de blé , très-abondantes pendant les premières années sur un terrain aussi fertile qu'un terrain à futaie , ne se détermine à des défrichemens. Il est encore vrai qu'alors le semis en bois devient cher , et sa réussite plus hasardée ; mais il ne doit pas être question de défrichement sur les forêts nationales.

J'ai annoncé , à la fin de mon troisième mémoire , que je me disposais à traiter , dans un écrit suivant , des moyens les plus économiques de semer les forêts abattues : malheureusement M. de B...... n'y a pas eu confiance ; car il se serait moins pressé de dire que la dépense du repeuplement *était toujours au-dessus des calculs.* La confiance ne se commande pas. Mais , en attendant que cet écrit soit rendu public , j'ai l'honneur d'affirmer à la compagnie que le bouquet de bois de vingt-trois arpens dont j'ai parlé dans mon premier ouvrage , bois éclairci l'année dernière , aujourd'hui l'un des plus beaux taillis du canton où il est situé , était , il y a seize ans , en futaie clair-semée , et dont partie était déjà sur le retour , ce qui me détermina à tout abattre ; que je n'ai mis bas les arbres qu'en les arrachant ; que la plus forte dépense du repeuplement a été celle de rafraîchir les fossés de clôture , et qu'enfin le repeuplement proprement dit a été exécuté d'après les principes de Buffon , par un procédé plus économique que le sien , et dont je donnerai les détails et la description dans mon quatrième mémoire.

M. de B...... prétend que *les arbres sur taillis sont bien plus beaux , bien plus gros , bien meilleurs que les arbres de futaies en masse , même de celles où ils sont espacés largement.*

Cette proposition a été débattue et réfutée si souvent , qu'il est dur de se voir obligé d'y revenir encore ; mais puisqu'enfin il le faut , voici des faits dont il me semble qu'il n'est plus permis de nier l'existence.

La tige des baliveaux ne s'élève jamais par-dessus la hauteur acquise pendant le premier âge. Dès que la houpe et les branches partant de la houpe sont formées , ils se coiffent en tête de pommier. *Ils ne sont donc pas plus beaux.*

Un arbre , quelque part qu'il végète , ne grossit qu'en proportion de la nourriture qu'il prend , et de l'espace qui lui est laissé pour y étendre ses rameaux et ses racines. *Les baliveaux ne deviennent donc pas plus gros que les arbres de futaie suffisamment espacés ,* les terrains supposés semblables.

Les baliveaux , constamment chargés de nœuds , et par conséquent plus faibles d'un quart , suivant Buffon , ne peuvent servir pour les ouvrages de fente. Les marchands de bois qui approvisionnent Paris exploitent les baliveaux pour le chauffage, et tirent peu à la charpente, suivant M. Tellès d'Acosta. *Ils ne sont donc pas meilleurs.*

Faut-il encore répéter, d'après Réaumur, Duhamel et Buffon, que les baliveaux nuisent à la croissance du taillis, qu'ils y occasionnent des gelées pernicieuses, qu'ils sont plus sujets aux maladies que les arbres crus en massif, telles que les gélivures, les gouttières, les chancres, les roulures, etc. ?

Mais voici un fait que je ne crois décrit par aucun auteur forestier, du moins je ne me rappelle pas de l'avoir lu nulle part ; il n'en est pas moins incontestable.

Lorsque les baliveaux du premier âge ont été réservés sur un terrain profond et fertile, plus le taillis où ils ont cru était âgé, touffu et serré, plus l'arbre est allongé, maigre et faible. Il est surmonté par une petite houpe composée de branches grèles et étiolées, qu'à peine cependant la tige est capable de supporter. Cette tige se couvre de jeunes branches qui percent de tout côté ; mais la houpe se dessèche, le brin cesse de prospérer, et souvent cette carie sèche descend et le fait périr.

Cette maladie n'attaque guère que les baliveaux choisis dans les circonstances que je viens de décrire, qui néanmoins sont les seules où la réserve des baliveaux puisse être de quelque utilité ; car à quoi bon en réserver sur un terrain qui ne pourrait pas produire de la futaie ? Quelles que soient les causes de ce phénomène, quel qu'en soit le remède, que j'entrevois, mais dont je ne parlerai qu'après en avoir fait l'essai, le fait existe, et ce fait n'est rien moins que favorable au système des baliveaux.

Pour le fortifier et le défendre, ce système, M. de B...... est forcé de recourir idéalement à des données que la nature lui refuse ; et parce qu'il lui fallait absolument des baliveaux qui eussent au moins vingt-cinq pieds de tige, il a supposé que la coupe de tous les taillis du royaume pouvait être réglée entre vingt et trente ans, et, par moyenne proportionnelle, à vingt-cinq ; supposition gratuite et impossible, ainsi que je vais le prouver.

1°. Il serait contraire aux intérêts du propriétaire et de la nation, de porter à vingt-cinq ans la coupe des taillis qui auront atteint le *maximum* simple avant cette époque, et certainement c'est le plus grand nombre. Rayons donc de la donnée de treize millions d'arpens que présente M. de B...... tous ceux qui sans injustice ou sans perte ne peuvent atteindre l'âge de vingt-cinq ans, et concluons que l'application qu'il fait ici de la règle des moyennes proportionnelles, porte à faux, dès que, pour devenir bois de service, le baliveau a besoin d'avoir au moins vingt-cinq ans.

2°. J'ai démontré mathématiquement (*premier mémoire, pages 22 et 23*) qu'à supposer que le grossissement d'un taillis fût uniforme, le *maximum* composé, ou le *maximum* utile au propriétaire qui veut vendre., ne se prolongeait pas au-delà de la vingt-unième année. L'on remarquera que la supposition du grossissement uniforme est la plus favorable de toutes ; car plus ordinairement le déclin ou la diminution progressive dans l'épaisseur des couches annuelles, se prononce avant cette époque. Pour s'en convaincre, il suffit de descendre dans un bûcher garni de rondins. Or, plus le déclin est accéléré, moins le *maximum* se prolonge, à moins qu'on n'entretienne la permanence du grossissement par des éclaircies ; mais M. de B...... n'en veut pas.

Si donc l'intérêt du propriétaire est de couper son taillis même avant vingt ans, et jamais par-delà, peut-on supposer raisonnablement qu'il en prolongera la coupe à vingt-cinq, uniquement pour se procurer des baliveaux de vingt-cinq pieds de tige, qu'il sait d'ailleurs être nuisibles à la recroissance du taillis, aujourd'hui sur-tout que les propriétaires ont cessé d'être assujettis à la réserve des baliveaux prescrite par la loi de 1669 ?

À la vérité, le *maximum* physique ou simple, qui doit régler la coupe des bois nationaux, se prolonge à une époque plus reculée que le *maximum* composé, seul admissible par le propriétaire ; mais alors ce n'est plus sur treize millions d'arpens qu'il faut compter pour fournir des baliveaux, ce nombre se réduit à 3,338,261 arpens seulement, qui existent sous la dénomination de *forêts nationales* ; car que sont aujourd'hui les bois des communautés d'habitans ?

A peine peut-on supposer que le tiers de ces 3,338,261 arpens soit situé sur un fonds réductible en futaie, et capable conséquemment de produire du baliveau de service ; ce tiers, mis en coupes réglées de vingt-cinq ans, donne annuellement 44,510 arpens à couper.

J'admets pour un moment les réserves en baliveaux, telles que les a proposées M. de B...... sur ces 44,510 arpens, et les coupes de ces réserves telles qu'il les évalue ; à savoir, par arpent, deux arbres de cent vingt-cinq ans d'âge, deux arbres de cent ans, quatre arbres de soixante-quinze ans. L'auteur voudra bien me permettre que je ne mette point en ligne de compte, comme bois de service, des baliveaux de cinquante ans.

D'après ces données , on couperait chaque année dans le royaume :

En arbres de cent vingt-cinq ans 89,020
     de cent...................... 89,020
     de soixante-quinze 178,040

Total............................... 356,080

J'ai voulu savoir ce que ces arbres pourraient produire en pieds cubes de bois de service , par un calcul qui s'éloignerait peu de l'exactitude rigoureuse ; j'ai trouvé que la quantité ne s'en éleverait au plus qu'à 12,541,127 pieds cubes (1) ; quantité évidemment insuffisante pour entretenir la marine militaire et la marine marchande , pour subvenir à ce que consomment annuellement , en bois carré et en bois de fente , la charpente, la menuiserie et la tonnellerie du royaume.

Je me persuaderai difficilement qu'après avoir réfléchi à ce calcul , dût-il encore le trouver *minutieux* , M. de B...... persévère à nous proposer froidement la proscription des futaies en massif et des quarts en réserve , sous le prétexte , qui n'est pas même spécieux , que *les futaies sont plutôt la destruction que la conservation des bois.*

A supposer qu'un principe aussi désastreux fût admissible , qui fournira le déficit ? Sera-ce le propriétaire , s'il se persuade qu'il faut *abattre ses futaies pour conserver ses bois ?* Malheureusement les grands propriétaires n'en ont que trop abattu , sans se douter qu'ils pouvaient jouir modérément sans rien détruire , et même en améliorant. Sera-ce la réserve de leurs baliveaux sur taillis ? Quels grands services attendre de baliveaux de vingt pieds de tige ? D'ailleurs en conserveront-ils , puisqu'il est prouvé qu'ils sont nuisibles ?

Mais qu'il me soit permis de revenir encore , et pour la dernière fois , aux aménagemens que j'ai proposés.

Si l'on admet en leur faveur les mêmes données que j'ai consentiès à l'égard du système de M. de B...... ; si l'on

______

(1) Afin de mettre mes lecteurs à portée de vérifier mes calculs , en voici les données :

J'ai supposé toutes les tiges de vingt-cinq pieds.

J'ai supposé , d'après Duhamel , le grossissement annuel à raison de neuf lignes moyennement.

J'ai évalué , d'après tous les marchands de bois , l'équarrissage au cinquième de la circonférence.

J'ai considéré les tiges comme si elles étaient des cylindres parfaits , avant qu'on ne les équarrisse , et par conséquent les équarrissages uniformes.

admet la possibilité de réduire en futaie le tiers des forêts nationales ; si l'on en règle les coupes à cent vingt ans d'âge, l'on aura tous les ans la quantité de 8902 arpens à abattre, ou plutôt à arracher, et, à raison de soixante-dix arbres par arpent, 623.140 arbres, dont, sans être suspect d'exagération, on peut évaluer les tiges moyennement à trente-six pieds de hauteur, et qui donneront 50.474.340 pieds cubes. Ainsi le produit de l'aménagement fait par éclaircie serait à l'aménagement par baliveaux comme 4 est à 1 ; avec cette différence en faveur des éclaircies, que non-seulement les arbres réservés seront de plus haute stature et de plus grand service, mais que le même terrain aura produit, à chaque révolution de coupe, la première exceptée, une quantité de bois pour le chauffage et la petite charpente, très-supérieure à la quantité qu'il en eût fourni en suivant la methode ordinaire. (*Voyez* deuxième mémoire, page 49 et suiv.)

Ce calcul, dira-t-on, n'est qu'hypothétique. Je réponds qu'il est impossible en ce moment d'établir un calcul qui ne porte point sur des hypothèses, parce que personne encore ne peut savoir au juste s'il y a un tiers ou un quart, ou plus ou moins de taillis nationaux réductibles en futaies ; le tems seul peut en instruire la Conservation centrale au moyen des conservateurs provinciaux. Mais, quel que soit le nombre des arpens réductibles en futaies, ce nombre sera nécessairement égal à celui des arpens sur lesquels peuvent croître des baliveaux utiles, et l'aménagement par éclaircies aura toujours et essentiellement sur l'aménagement par baliveaux, l'avantage de produire dans la proportion de 4 à 1.

La quantité annuelle de cinquante millions de pieds cubes en bois de service suffira-t-elle aux besoins du royaume ? Je le présume ; cependant, n'ayant aucunes données assez sûres, même pour un calcul par approximation, je n'oserais l'assurer. Mais que nous sommes loin d'atteindre à cet état de prospérité, quand même il ne serait pas tout-à-fait de niveau avec nos besoins ! Que nous reste-t-il aujourd'hui de nos antiques futaies ? Quelques légères portions de ce qu'elles étaient autrefois, quelques quarts de réserve déjà prodigieusement dévastés. Tout est perdu si la surveillance la plus sévère et la mieux protégée n'arrête cet affreux désordre, et si l'agiotage, qui corrompt tout, s'immisce dans cette partie d'administration, en s'aidant de la fatale opinion qu'on cherche à propager, que *les futaies sont plutôt la destruction que la conservation des bois.*

MÉMOIRE

SUR LA PLANTATION DES PLACES , RUES COMMUNES ET FLÉGARDS DE PLUSIEURS COMMUNAUTÉS ; ET SUR LA PLANTATION DES GRANDES ROUTES DU ROYAUME.

PREMIÈRE PARTIE.

Plantation des places , communes et flégards (1).

L'UN des plus estimables et des plus laborieux correspondans de la société royale d'agriculture , M. Dumont de Courset , a représenté , dans un écrit adressé à la compagnie , combien il importait de requérir un amendement au décret de l'assemblée nationale qui défend à tous ci-devant seigneurs de planter dans les rues communes et flégards des communautés , et il observe que l'effet de ce décret , s'il n'y est point porté de modification , sera d'augmenter la disette de bois de chauffage et de service.

« Le droit , dit M. de Courset , qu'avaient les
» seigneurs de fiefs de planter sur les rues , places et
» communes , dans l'étendue de leur domaine , de-
» vait sans doute être aboli avec tous les droits de la
» féodalité ; mais , en le détruisant sans amendemens
» ni remplacement , l'assemblée nationale en a-t-elle
» prévu les conséquences ? Et cette défense de planter
» à ceux qui , par leur fortune , sont le plus dans le

(1) On appelle *flégards* , dans quelques provinces , des places vagues et quelquefois inondées.

» cas de le faire, n'est-elle pas aussi préjudiciable
» qu'impolitique ?

» Tout le monde a le droit de planter sur les en-
» droits publics, vis-à-vis de son terrain, et les com-
» munes l'ont vraisemblablement de même dans le
» milieu des places ; mais les habitans dont les ter-
» rains bordent les rues, auront-ils tous la faculté
» de planter ? le feront-ils ? et les communes des vil-
» lages feront-elles ces dépenses pour n'en pas jouir?

» Je suppose que la plupart des propriétaires aient
» le peu d'aisance nécessaire pour planter vis-à-vis
» de leurs propriétés ; mais ils ne le feront peut-être
» pas, 1°. parce qu'ils n'habitent pas tous leurs pro-
» priétés ; 2°. parce qu'étant éloignés de leurs biens,
» ils se soucient peu que les rues contiguës soient
» plantées ; 3°. parce qu'ils craindront qu'on ne
» coupe ou qu'on ne mutile leurs plantations, ou,
» s'ils plantent, plusieurs ne remplaceront pas les
» arbres coupés.

» Ces délits arrivaient quelquefois aux ci-devant
» seigneurs par des passans ou des libertins ; mais
» ils ne se lassaient pas de remplacer ces désor-
» dres ; et à moins qu'ils ne se fussent attiré ces
» mauvais traitemens par leur dureté ou leurs injus-
» tices, ces délits cessaient, et les plantations se sou-
» tenaient. Les habitans des campagnes s'en trou-
» vaient bien, leurs places devenaient agréables, ils
» y avaient de l'ombrage ; et si des indigens avaient
» besoin de branchages pour se clore, ils étaient
» sûrs d'en trouver sur ces arbres, en les demandant
» au seigneur.

» Les communautés des villages planteront encore
» bien moins que les propriétaires ; le laboureur ne
» mettra pas un sou dans une plantation dont ni lui
» ni ses descendans ne jouiront pas.

» Il résulte donc de ce décret qu'on plantera beau-
» coup moins qu'on ne faisait ci-devant ; que les rues
» et places seront bientôt absolument nues ; que le

» chauffage que l'ancien propriétaire en tirait sera
» dorénavant pris sur les bois et forêts , dont la re-
» production n'est pas , à beaucoup près , égale à la
» consommation ; que le bois à brûler sera par consé-
» quent plus rare , et qu'au lieu d'engager à augmen-
» ter cet objet de première nécessité , l'assemblée
» nationale en a détruit , à cet égard , la possibilité.

» Cependant un moyen bien simple s'offrait en
» amendement à ce décret , sans lui porter essen-
» tiellement la moindre atteinte , et sans crainte de
» voir subsister la trace la plus légère de la féoda-
» lité ; c'était de donner à tous les propriétaires in-
» distinctement d'une communauté le droit de planter
» sur les rues , flégards , places et chemins publics ;
» mais, avant d'y procéder , celui qui aurait voulu
» planter , aurait été obligé d'avertir juridiquement
» le propriétaire du terrain vis-à-vis duquel il se se-
» rait proposé de mettre des arbres , de le faire ; et
» sur son refus , il en aurait eu le droit.

» La propriété des arbres nouvellement plantés
» aurait été dès-lors acquise à celui qui les aurait
» plantés , ainsi qu'à ses descendans ou ayant cause ;
» mais à l'instant qu'ils auraient été abattus , le droit
» de planter à leur place n'aurait pu avoir lieu qu'a-
» près le même avertissement fait préalablement , et
» en cas de refus.

» Il en aurait été ainsi à l'égard de l'intérieur des
» places dont les communes ont seules le droit de
» disposer ».

Les premières lois sur le fait des plantations re-
montent au règne de François Ier. Par ordonnance
de Février 1522 , il est enjoint à tous seigneurs hauts-
justiciers et *à tous habitans des villages et paroisses,*
de faire planter le long et sur le bord des grands chemins publics, dans *les lieux qu'ils jugeront à propos
et commodes* , des ormes , pour que le royaume,
avec le tems , en puisse être suffisamment peuplé.

Postérieurement , sous le ministère du chancelier

de l'Hôpital , par les articles 14 , 15 , 16 et 17 d'un édit donné en Janvier 1583 , sur la demande des états de Blois , article 356 , il fut ordonné de tenir les grands chemins en leur ancienne largeur , et de faire planter sur leurs bords des ormes , noyers et autres arbres , selon la commodité du propriétaire de la terre prochaine desdits chemins.

Enfin , par les articles 6 , 7 et 8 d'un arrêt du conseil du 3 Mai 1720 , et qui rappelle les dispositions de l'édit de 1583 , tous les propriétaires des héritages tenans et aboutissans aux grands chemins , sont tenus de les planter d'ormes , hêtres , châtaigniers , arbres fruitiers et autres arbres , suivant la nature du terrain ; faute de quoi les seigneurs auxquels appartient le droit de voierie sur lesdits chemins , *sont autorisés à en planter, à leurs frais* , dans l'étendue de leur voierie ; auquel cas les arbres par eux plantés et les fruits d'iceux appartiendront auxdits seigneurs voyers.

Cette loi , malgré son extrême utilité , a eu peu d'exécution , elle est tombée en désuétude. Dans la plus grande partie du royaume , a planté qui a pu ou qui a voulu ; et lorsqne , depuis 1720 , les grandes routes ont été perfectionnées , on s'est vu contraint de faire exécuter ces plantations par entreprises , soit aux frais des ponts et chaussées , soit aux frais des provinces qui , sous l'ancien régime , jouissaient du privilège de s'administrer elles-mêmes.

Il suit de ce que nous venons d'exposer , que le droit de planter les rues , flégards , places et chemins publics , n'était point inhérent à la féodalité , et n'en faisait aucunement partie , puisque et l'ordonnance de 1522 , et l'édit de 1583 , et l'arrêt de 1720 , enjoignent aux habitans des villages , ordonnent aux propriétaires riverains de planter , et que les seigneurs hauts-justiciers et voyers n'y sont appellés qu'au défaut de ces mêmes habitans et propriétaires.

A la vérité , lorsque les seigneurs en avaient fait

la

la dépense, les arbres et leurs fruits leur apparte-
naient; mais s'ils ont joui, ç'a été à titre onéreux.
D'ailleurs la loi, non-seulement les y autorisait,
mais le leur ordonnait expressément : *enjoignons à
tous seigneurs hauts-justiciers de faire planter*, etc.
Ce n'est donc point comme seigneurs qu'ils ont planté,
c'est en qualité de simples concessionnaires, non d'un
droit, mais d'une pure faculté négligée, abandonnée
au grand détriment de la chose publique, par ceux
même à qui la loi accordait la préférence sur leurs
seigneurs.

Les besoins n'étaient pas aussi urgens ni la disette
aussi fâcheuse sous le règne de Charles IX, qu'elle
l'est aujourd'hui, lorsque Bernard Palissy. physicien formé par la seule nature, gémissait sur la dévastation de nos bois, et le peu de soin qu'on prenait
d'en planter.

« Il n'y a trésor au monde si précieux, dit cet
» homme célèbre, ni qui dût être en si grande estime
» que les petites gîtes des arbres et plantes, voire les
» plus méprisées. Je les ai en plus grande estime que
» non les minières d'or et d'argent; et quand je con-
» sidère la valeur des plus moindres arbres ou épines,
» je suis tout émerveillé de la grande ignorance des
» hommes, lesquels il semble qu'aujourd'hui ils ne
» s'étudient qu'à rompre, couper et déchirer les
» belles forêts que leurs prédécesseurs avaient si pré-
» cieusement gardées. Je ne trouverais pas mauvais
» qu'ils coupassent les forêts, pourvu qu'ils en plan-
» tassent après quelque partie; mais ils ne se soucient
» aucunement du tems avenir, ne considérant point
» le dommage qu'ils font à la postérité...... Je ne
» puis assez détester une telle chose, et ne la puis
» appeller faute, mais une malédiction et un malheur
» à toute la France...... Je trouve une chose fort
» étrange, que beaucoup de seigneurs ne contraignent
» leurs sujets de semer quelques parties de leurs terres
» de glands, et autre de châtaigniers, et autre partie

» de noyers , qui seraient un bien public et un re-
» venu qui viendrait en dormant; après qu'ils auraient
» mangé le fruit de leurs arbres, ils se chaufferaient
» des branches et troncs ». (*Œuvres de Palissy*,
édit. de 1777 , page 64 et suiv.)

Une loi sage y avait pourvu ; mais on ne voit pas
en quoi le moyen que M. Dumont de Courset offre
en amendement au décret dont les conséquences lui
semblent et sont en effet si funestes , diffère essentiellement des moyens indiqués par la loi qu'avait
dicté l'immortel l'Hôpital , contemporain de Palissy , et que le décret vient d'abolir ; car si la pos-
session des ci-devant seigneurs avait une source féo-
dale , ce dont on n'a garde de convenir , le planteur
que M. Dumont leur a substitué pourra par la suite
être réputé jouir d'un droit féodal , puisqu'il aura
planté sur un terrain qui n'est pas le sien ; si au contraire on le considère comme propriétaire de l'arbre ,
sans être propriétaire du fonds , sa propriété sera-t-elle
fondée sur un droit plus solide et plus juste que ne
l'était celle du ci-devant seigneur , qui , encore une
fois , ne possédait point comme seigneur , ainsi qu'on
l'a prouvé, mais comme simple concessionnaire d'un
objet abandonné , et duquel il avait disposé d'une
manière non moins utile à la société qu'à lui-même?

Dans le fait ces plantations en des lieux publics
sont très-sujettes à être dévastées par des malfaiteurs;
et si les seigneurs , à défaut des propriétaires , en
furent chargés , ce fut , 1°. parce qu'on les supposa
plus riches et plus en état d'avancer les frais; 2°. parce
que leurs officiers de justice pouvaient veiller à la
conservation des arbres ; mais aujourd'hui son sub-
rogé ne jouissant pas du même avantage , se dégoû-
tera bientôt de faire en pure perte des avances dont
il ne pourra pas même espérer le recouvrement.

Heureusement , depuis 1583 , et même depuis 1720,
la quantité des terrains publics à planter a considérablement diminué de ce qu'elle était auparavant ;

les grandes routes ont été plantées, comme on l'a
dit, non par les propriétaires aboutissans, qui s'y
refusèrent, mais par entreprise.

A dire vrai, la répugnance des propriétaires était
naturelle : la loi leur prescrivait de planter à la distance de six pieds du bord extérieur du fossé ; certainement les arbres ainsi disposés nuisent aux productions céréales. Aussi avons-nous vu, dans plusieurs
provinces éloignées de la capitale, ces mêmes propriétaires riverains ou leurs fermiers conspirer contre
ces plantations et les détruire, quoique faites aux
dépens du public.

Ce délit concerne particulièrement les arbres plantés le long des grandes routes. Avant d'entamer cet
objet important, j'observerai, à l'égard de la plantation plus circonscrite des rues, flégards, places et
chemins villageois,

1°. Que toutes les fois que les rues et chemins auront
moins de trente pieds de largeur, et qu'ils seront
plus creux que leurs rives, il sera plus nuisible qu'a-
vantageux de les planter.

2°. Qu'il n'y a pas de raison pour se flatter que ces
plantations seront plus respectées dans les villages et
près d'une nombreuse population, qu'elles ne l'ont
été le long des grandes routes.

3°. Qu'à supposer que ces arbres ne causent aucun
dommage, ou réel ou imaginaire au propriétaire ri-
verain, leur conservation sera toujours précaire,
tant qu'elle ne sera pas protégée par une force publique.

4°. Qu'un particulier, quelque précaution qu'il
prenne, quelque avertissement qu'il donne juridiquement au propriétaire du terrain près duquel il aura
planté, aura perpétuellement à lutter contre des difficultés qui engendreront le dégoût ; dès-lors plus de
plantation.

Dans ces circonstances, j'estime que, pour assurer le succès de ces plantations, il est à propos que

la communauté elle-même s'en charge, en fasse les frais et en recueille le fruit, parce qu'alors, indépendamment de l'intérêt particulier de chaque habitant, les membres de la municipalité auront dans leurs mains le pouvoir nécessaire pour châtier les malfaiteurs et maintenir la conservation des arbres.

SECONDE PARTIE.

Plantation des grandes routes.

La proposition de substituer à la vieille méthode de planter les grandes routes, celle de planter les arbres sur le bord intérieur des fossés, n'est pas une proposition nouvelle ; mais il est des vérités sur lesquelles il est bon de revenir, quand elles combattent un préjugé trop ancien pour n'être pas trop respecté. Si je me permets d'attaquer encore les plantations à l'extérieur, c'est parce qu'elles blessent évidemment la propriété, parce qu'elles diminuent sensiblement la récolte des terrains destinés aux productions céréales, et parce qu'elles sont essentiellement nuisibles aux progrès de ces mêmes arbres, dont aujourd'hui tout nous fait une loi de favoriser, autant qu'il est en nous, l'accroissement.

Jusqu'à présent l'usage de planter les routes à six pieds du bord extérieur a prévalu. Les anciennes ordonnances dont je viens de parler, l'avaient sans doute introduit, cet usage, et l'opinion où l'on a été long-tems que l'ombre des arbres pouvait nuire au desséchement des chemins, l'a vraisemblablement perpétué.

Cependant plusieurs exemples en Flandre, en Lorraine, en Bourgogne, en Bresse, même lorsque la route traverse des cantons marécageux, annoncent assez à quel point cette opinion est erronée. La route de Nancy à Lunéville n'a que 42 pieds de largeur entre les fossés ; rien ne s'opposait à ce qu'elle fût plantée extérieurement , puisqu'elle traverse une plaine parfaitement unie ; néanmoins on a placé les ormes sur les bermes , vraisemblablement par les ordres du roi Stanislas , et l'on ne voit nulle part de chemin plus roulant et de plantation plus belle.

En effet, comment l'ombre des arbres serait-elle nuisible aux chemins , de la manière dont ils sont construits ? 1°. Cette ombre ne peut avoir d'effet sensible que pendant six à sept mois, et pendant la saison la plus sèche et la plus chaude de l'année ; en second lieu , si la chaussée est pavée , l'eau n'y séjourne pas ; ou si elle est ferrée , sur-tout si les matériaux qui y sont employés sont de nature vitrifiable ou seulement très-durs , l'eau s'écoule à peu près avec la même rapidité. C'est l'humidité entretenue par les neiges , les dégels et les profondes ornières qu'on répare rarement pendant l'hiver , qui dégrade les chemins ; mais pendant cette saison les arbres ne donnent point d'ombre , ou plutôt la nature entière est dans l'ombre. Le soleil , couvert de nuages ou caché par les brouillards , ne lance obliquement quelques faibles rayons que pendant les fortes gelées.

Afin d'avoir une première base pour démontrer l'avantage de planter sur le bord intérieur des fossés , j'ai fait le dépouillement de toutes les routes de poste du royaume , et j'ai trouvé qu'il y avait dans le territoire français trois mille deux cents vingt-quatre postes et demie.

Cependant , avec quelque attention que j'aie fait ce dépouillement , il a pu m'échapper quelques erreurs. Pour les compenser , et attendu qu'il convient d'avoir égard à quelques parties de route qui ne seraient pas susceptibles de plantations , telles que le passage des villes et la traversée des montagnes , nous réduirons le nombre des postes à trois mille , et nous ne les évaluerons chacune que sur le pied de quatre mille toises de longueur.

Nous ferons également abstraction des grands

chemins , qui , nonobstant que la poste n'y soit pas encore établie , pourraient néanmoins être plantés.

Plus le terrain est fertile , plus les arbres doivent être espacés largement. Ce principe , que confirme l'expérience , est incontestable ; j'estime que la distance entre eux doit être de vingt-quatre pieds. Près de Paris on les plante à dix-huit ; ils sont évidemment trop rapprochés.

En calculant d'après ces données , il entrerait sur toutes les routes du royaume douze millions d'arbres.

Pour connaître par apperçu quel serait le produit et la dépense de cette plantation , supposons que la durée moyenne de la vie des arbres que l'on plantera doive être de cent ans , et examinons quelle sera leur croissance pendant cet espace de tems.

Duhamel sera notre guide. Il a trouvé que la grosseur moyenne de six ormes , acquise en un an , a été d'un peu plus de 7 lignes de diamètre , et celle de cinq noyers environ 4 lignes et demie (1). Les peupliers blancs ont grossi à raison d'un pouce de diamètre , terme moyen pris sur douze années ; les platanes d'occident , à raison de 9 lignes , terme moyen pris sur dix années ; les noyers n°. 1 , à raison de 3 lig. et demie , terme moyen sur vingt-six années ; noyers n°. 2 , à raison de 5 lignes deux tiers, terme moyen sur trente-huit années ; noyers n°. 3 , à raison de 5 lignes un sixième , terme moyen sur dix-huit ans ; les frênes , 5 lignes un sixième , terme moyen sur dix-huit ans ; enfin les tilleuls , à raison de 4 lignes un sixième , terme moyen pris sur vingt-six ans (2).

Prenons nous-mêmes la moyenne de ces divers accroissemens ; le calcul nous la donne de 6 lignes et un douzième par an.

A cent ans le diamètre moyen de ces arbres serait donc de 50 pouces deux tiers au bas de la tige , ou de 12 pieds 8 pouces de tour.

(1) *Traité de l'Exploitation des Bois* , tome I , pag. 414.
(2) *Traité des Semis et Plantations* , pag. 318.

La tige d'un arbre n'est pas cylindrique, mais on doit la considérer comme un cône tronqué à la naissance des premières branches.

On a observé assez constamment que sa circonférence diminue d'un pouce de tour par pied, à compter du bas de sa tige jusqu'à l'insertion des grosses branches. Ainsi un arbre de 12 pieds 8 pouces de circonférence, à 2 pieds de terre, portera 10 pieds 2 pouces de tour à la hauteur de 32 pieds, en supposant toutefois que, contre l'usage pernicieux des élagueurs, qui y trouvent leur profit, lorsqu'on leur abandonne la dépouillle de l'élagage, l'arbre n'ait pas été maltraité à la taille, mais qu'il ait été sagementconduit dans sa jeunesse et modérément émondé.

L'équarrissage franc d'écorce et d'aubier s'estime dans le commerce à raison du cinquième de la circonférence prise sur l'écorce.

Ainsi chacun de ces arbres donnera moyennement, à l'âge de cent ans, une poutre de plus de 30 pouces d'équarrissage au gros bout, et de plus de 24 pouces d'équarrissage au petit bout, sur une longueur de trente-deux pieds, ou 164 pieds cubes de bois.

Il serait difficile d'évaluer autrement que par approximation le prix que vaudrait un pareil arbre dans toute l'étendue du royaume ; je sais seulement que, dans plusieurs départemens, un orme, un noyer, un frêne, un châtaignier, un platane, etc. qui porterait cette dimension, se vendrait au moins 100 liv. Douze millions d'arbres donneraient donc douze millions de revenu en numéraire (1).

____

(1) En voici le détail : les cent soixante-quatre pieds cubes donneraient, ou en solives, ou en madriers, ou en planches, ou en membrures de menuiserie, l'équivalent de dix pieds courans de planches par pied cube, ou seize cents quarante pieds courans en planches de 12 pouces de largeur sur 13 lignes d'épaisseur. La douzaine de planches de cette sorte, portant 8 pieds de longueur, me semble à bas prix lorsqu'elle se vend 8 liv. ; c'était le prix ordinaire, il y a quelques années, dans la province que j'habite ; il a presque doublé depuis.

On m'objectera peut-être qu'ayant représenté ces arbres comme plantés tous à la fois , pour être coupés à l'époque de cent ans , il ne saurait résulter de cette hypothèse un revenu à peu près uniforme. Mais on voudra bien observer que c'est uniquement pour la clarté du raisonnement que j'ai calculé d'après une moyenne proportionnelle ; et en effet , indépendamment de ce qu'une plantation aussi soudaine serait impraticable , les arbres , suivant leurs espèces et la nature du terrain qui les a nourris , ont individuellement un *maximum* d'accroissement qu'il est à propos et même indispensable de bien connaître et de saisir. Avant qu'ils l'aient atteint , on ne gagnerait pas à les abattre ; après qu'ils l'ont passé , on perdrait à ne les abattre pas.

Lorsque le renflement de la tige , occasionné par la couche annuelle , se soutient d'une manière vigoureuse et à peu près uniforme , l'arbre n'a pas atteint tout son accroissement ; lorsque l'épaisseur des couches annuelles diminue sensiblement et continue d'aller en décroissant , l'arbre commence à être sur le retour , il faut l'abattre , et ce serait une mauvaise économie que d'attendre qu'il se couronnât. Un arbre couronné est plus que sur le retour, il est déjà avancé dans l'âge du dépérissement.

Ainsi , pour certaines espèces d'arbres, le *maximum* devancera le terme de cent années , et le dépassera dans d'autres espèces.

Je viens d'observer à Malesherbes un platane d'occident de l'âge de vingt-cinq ans , qui portait , à trois

---

C'est à raison d'un sou 8 den. par pied courant , ou de 138 liv. pour le total des 1640 pieds.

Sur quoi un quart à déduire , tant pour la façon du bois que pour les frais de l'arrachement de l'arbre ; plus , 3 liv. 10 s. pour frais de plantation , achat à la pépinière , remplacement des arbres morts , labourage et émondage pendant les cinq à six premières années , passé lequel terme les bourrées compenseront les frais d'élagage.

Restent 100 liv. , auxquelles on peut ajouter environ 6 liv. pour vente des branches grosses et menues, des racines et copeaux ; en tout 106 liv. , que je n'ai porté en ligne de compte que pour 100 liv.

pieds de terre, 67 pouces de tour; sa tige, bien filée, mais que je n'ai pas mesurée, m'a paru excéder quarante-cinq pieds. La croissance d'un peuplier de la Caroline que j'ai vu pareillement à Malesherbes, est encore plus forte à l'âge de vingt-quatre ans; il portait 75 pouces de tour. J'ai mesuré, il y a six à sept ans, dans les pépinières du sieur Hervy, à Moret, un peuplier qu'il appellait mal à propos peuplier suisse, au lieu de peuplier de Virginie; cet arbre, placé sur le bord du canal, avait onze ans de plantation et 58 pouces de tour; les branches s'étendaient en tout sens à près de 15 pieds : c'est la croissance la plus étonnante que j'aie jamais observée; suivant toute apparence, ces arbres auront atteint leur *maximum* avant le terme de cent ans.

Les plus gros ormes du jardin du Luxembourg ont près de 12 pieds de tour, mais j'ignore leur âge.

L'orme est certainement un bel arbre d'avenue, et personne ne doute de son extrême utilité; il serait à désirer cependant qu'on ne plantât pas constamment de l'orme, et jamais que de l'orme, même dans les places où le terrain est déjà épuisé par ce genre de production. Pourquoi ne lui pas substituer quelquefois l'ypréau dans les terrains froids; le pseudo-acacia dans les terrains sablonneux : le noyer, le tilleul, les érables, le merisier dans les terres substantielles; les frênes, les peupliers américains dans les lieux frais; le peuplier d'Italie, le platane, l'aune ou le cyprès de la Louisiane dans les lieux humides et fangeux?

Quelle que soit l'espèce d'arbre que l'on préfère, il est certain que la méthode de le planter en dedans du fossé, au lieu de le planter en dehors, accélère étonnamment sa croissance, parce qu'il aura, pour étendre ses racines, une double épaisseur de terre déjà minée lors de la construction même du fossé, dont le déblai a été répandu sur les accotemens; parce que les eaux grasses du chemin lui serviront d'engrais;

parce que l'obligation où l'on est de curer de tems en tems les fossés , pour rehausser les bermes, ajoutera un nouvel engrais à l'épaisseur déjà double de la terre végétale.

Au contraire , l'épaisseur de la terre végétale au-delà du fossé est tout au plus telle que la nature l'a donnée , quelquefois même elle est moindre ; d'ailleurs les racines de l'arbre sont trop souvent endommagées par le fer de la charrue ; lorsqu'après avoir long-tems langui dans la petite fosse qu'on lui a creusée , il prend enfin l'essor aux dépens de ce qui l'environne.

Serai-je accusé d'exagération , si je dis que chaque arbre enlève moyennement au moins la quantité d'un quart de boisseau aux productions céréales? Mais en faut-il conclure la suppression totale de la plantation des routes , et condamner au-delà de quatre-vingt mille arpens à une éternelle stérilité ? Evitons de nous jetter d'un excès dans un autre excès ; rappellons-nous ce que dit Palissy ; méditons sur la pénurie où nous sommes tombés relativement aux combustibles; prenons garde qu'elle est encore augmentée depuis le siècle où cet homme célèbre a vécu , et plantons les routes , mais plantons-les sans nuire aux propriétés riveraines ; ne perdons pas de vue que , dans les étés arides , la fraîcheur de l'ombre soulage les malheureux animaux qui traînent avec effort une lourde charge ; considérons enfin que le nombre des hommes qui cheminent péniblement à pied , excède de beaucoup celui de ces riches voyageurs qui , mollement assis à l'abri de l'intempérie des saisons et de l'ardeur des rayons d'un soleil brûlant , courent avec rapidité dans une voiture légère.

MÉMOIRE

SUR LE PRÉJUDICE QUE PORTE LE PANAGE AU REPEUPLEMENT DES BOIS.

On m'a fait l'honneur de me consulter sur la question suivante :

Est-il plus avantageux de donner la glandée de la forêt de Seillon à un troupeau de porcs que de ne la pas donner ? Cette glandée vaudrait 1500 livres. Mais cet animal, avec son boutoir, ne causerait-il pas aux jeunes plants un dommage plus considérable que ne le serait le profit à faire sur la glandée ?

Le repeuplement des forêts s'opère de deux manières, ou spontanément, ou par artifice.

Les repeuplemens par des semis artificiels sont encore très-rares ; l'ordonnance de 1669 n'en fait aucune mention. Buffon est, je crois, le premier auteur qui nous ait donné, sur le semis des forêts, une théorie fondée sur l'expérience.

Mais la méthode de ce célèbre physicien, quoique simple et démontrée, s'est propagée lentement, et n'a été suivie jusqu'ici que par un trop petit nombre d'agronomes éclairés. A l'exception des semis faits dans les forêts destinées aux plaisirs du roi, et des semis en bois résineux dans des terrains jusque-là sans rapport, on voit encore très-peu de repeuplemens artificiels, vraisemblablement par la double raison que les grands semis sont coûteux, et le moment de la jouissance éloigné.

Dans l'origine on s'est donc borné, par ignorance, aux repeuplemens spontanés : et quoiqu'on ait reconnu que l'art pouvait en accélérer le succès, beaucoup de propriétaires s'en sont tenus à l'ancienne routine par indolence ou par parcimonie.

Certainement un propriétaire contrarie la marche que la nature suit d'elle-même et sans aide pour le repeuplement des bois, s'il permet d'y conduire un troupeau qui en détruise les germes renaissans.

Ce n'est pas précisément par la consommation des glands qui tombent des arbres pendant l'année où l'on permet la pâture de la glandée, que le panage est nuisible : peu de ces glands auraient germé, et l'on sait qu'un porc en enterre avec son boutoir au moins autant qu'il en dévore. C'est principalement sur les glands plus anciennement germés que cet animal exerce sa voracité. Il est singulièrement avide de la racine succulente qui forme le pivot du jeune chêne; de sorte que si l'on conduit habituellement, chaque année, des troupeaux de cochons dans la même forêt, tout est englouti, tout disparaît, on ne doit plus compter sur aucun repeuplement.

Ainsi, à considérer la question sous un point-de-vue général, abstraction faite de tout accessoire, on croit pouvoir répondre, sans hésiter, que le panage est encore plus nuisible au repeuplement des bois que la vaine-pâture.

Mais il me semble que la question de MM. du district de Bourg n'est point aussi générale, et qu'au contraire elle est relative à l'état actuel et particulier de la forêt de Seillon.

Cette forêt, située à très-peu de distance de la ville de Bourg, appartenait à un monastère de chartreux. Ces religieux, exempts des entraves des maîtrises, administraient leurs bois avec beaucoup d'économie et de sagesse.

La forêt de Seillon est mélangée de futaie et de taillis; j'y ai vu des taillis magnifiques, mais la majeure partie croît en futaie. Si j'ai bien observé, les religieux de Seillon n'exploitaient pas leur futaie par coupes régulières, mais en jardinant : méthode proscrite, il est vrai, par l'ordonnance de 1669, qui n'a pas même fait d'exception en faveur des bois résineux;

mais les chartreux, entièrement libres, ne faisaient une coupe blanche qu'après avoir long-tems coupé par éclaircies; après quoi la portion évidée était remise en taillis, soit par le moyen des semis, soit en profitant de la crue des buissons récépés qui s'étaient insensiblement établis dans les clairières les moins fréquentées par le betail; car il est à remarquer que, dans ces buissons, il se rencontre souvent de jeunes chênes qui se développent et s'élancent aussi-tôt qu'ils cessent d'être étouffés.

Lorsque, dans une futaie autrefois jardinée, les arbres sont clair-semés, et qu'étant sur le retour on se propose de faire une coupe blanche, il n'est pas toujours indispensablement nécessaire, pour repeupler l'espace vide, de recourir à un labourage, ni même à un simple semis sans labour. Souvent, et j'en suis certain, il croît dans les clairières, comme je viens de le dire, beaucoup de buissons fourrés d'épines noires et blanches, de coudriers, de genévriers, de vernes, de houx, d'églantiers, de ronces, etc. Plus ces amas d'arbrisseaux sont nombreux et touffus, plus il y a de ressource. Ces parties, qui n'offrent qu'un coup-d'œil agreste et sauvage, mais qui n'ont point été attaquées par le bétail, sont intérieurement garnies de jeunes chênes et autres arbres provenus de semence, qui prennent incessamment le dessus après le récépage, pourvu toutefois que la bruyère et la fougère ne dominent pas dans le terrain. Je possède, dans la paroisse de Saint-Martin, un bouquet de bois, jadis vieille futaie, que mon aïeul avait fort éclaircie, et qui aujourd'hui, à l'âge de seize ans, forme le plus beau taillis du canton, sans que j'aie pris d'autre soin que de l'entourer d'une bonne clôture.

Mais si les clairières, perpétuellement pâturées, n'ont produit que du gazon, il faut nécessairement recourir au semis, entamer le gazon avec la bêche ou avec la houe; placer, de distance en distance, quelques glands ou quelques autres graines d'arbres forestiers, retourner le gazon sur la graine , interdire avec soin l'entrée de toute espèce de bétail , et n'abattre les vieilles écorces que quatre à cinq ans après le semis. De cette sorte on épargnera beaucoup de dépenses : cette expérience m'a réussi.

Je n'ai point encore été à portée de l'exécuter dans de grands espaces , mais on remarquera qu'elle s'accorde parfaitement avec la belle théorie de Buffon.

On permet ordinairement l'entrée du gros bétail dans nos taillis, lorsqu'ils ont quatre à cinq ans ; mais s'il s'y trouve des clairières, elles ne s'y repeupleront jamais , parce qu'il faut près de dix ans à un jeune chêne de semence pour atteindre la hauteur qu'un chêne récépé acquiert en trois ou quatre années , et que ces jeunes plants ne sont point encore à l'abri de la dent du bétail , lorsque l'entrée du taillis lui est permise : circonstance qui , pour l'observer en passant , n'est pas très-favorable à l'opinion de la grande utilité des baliveaux pour le repeuplement des taillis , puisqu'il n'est pas besoin de repeuplement dans les parties fourrées , et que les semences , comme on voit , se répandent en pure perte sur les clairières.

Le développement sommaire de ces principes généraux m'a paru préalablement nécessaire pour motiver une réponse à la question qui m'est faite.

La forêt de Seillon , qu'à la vérité je n'ai point entièrement parcourue , m'a paru toute ouverte ; je n'y ai guère apperçu de clôture qu'autour des taillis. Le bétail des domaines dépendans de la Chartreuse y pâture en liberté , et peut-être est-elle fréquentée par le bétail des domaines voisins , peut-être même cette vaste forêt est-elle grevée de quelques droits d'usage , je l'ignore : mais la conséquence de ce parcours ou forcé , ou permis , ou toléré , est que les jeunes chênes échappés à la voracité des troupeaux de porcs , seraient abroutis tôt ou tard par le gros bétail. Dans cet état des choses , convient-il que l'administration accepte ou refuse la proposition qui lui est faite, et le bénéfice qui lui est offert en 1791 pour le panage de cette forêt? En le refusant, non-seulement elle éprouvera une perte de 1500 liv., mais elle privera les adjudicataires du bénéfice légitime qu'ils auraient fait dans le marché d'une denrée qui va tomber en pure perte, tandis que le repeuplement qu'on se serait proposé deviendrait précaire, puisqu'il court le risque d'être bientôt détruit par la dent du bétail. Voilà, si je ne me trompe, les raisons de douter de MM. les administrateurs, et le véritable état de la question.

Malgré l'appât du prix offert pour la glandée, malgré tous les inconvéniens de la vaine-pâture, je persiste à croire qu'il serait plus dommageable qu'utile d'accepter la proposition faite au district. Le gros bétail brise les rejettons, il est vrai, mais il n'arrache pas. Le porc dévore jusqu'aux racines. Le bœuf s'éloigne des endroits trop fourrés et hérissés d'épines, et nous avons vu de quelle ressource étaient par la suite ces parties qu'il laissait intactes. Il n'est aucun lieu impénétrable à la voracité du porc, il détruira ce que le bœuf eût épargné. Je veux que le panage fasse peu de mal en 1791; mais si on le permet une fois, on n'aura pas même de prétexte pour le défendre aux années suivantes, alors plus d'espoir de repeuplement. Enfin il est moins fâcheux, ce me semble, de n'avoir à guérir qu'une maladie simple, que d'avoir à combattre à la fois deux maladies dont la complication serait mortelle.

On peut cependant obtenir quelque profit de l'abondance des glandées d'une forêt, sans qu'il en résulte d'inconvéniens : on peut vendre la permission de rassembler avec le râteau ou tout autre instrument, et d'enlever des cantons qui seront désignés, la quantité de glands qu'on jugera à propos, en défendant d'introduire aucun troupeau de porcs. Le prix de la vente sera moins avantageux au vendeur, mais ses suites ne seront pas nuisibles à la propriété.

MÉMOIRE

SUR UNE QUESTION D'ÉCONOMIE POLITIQUE
CONCERNANT LES BOIS,

*Et sur le danger d'en aliéner quelque portion que ce
soit, sans conditions conservatrices.*

ON a fait, dans ces derniers tems, des réclamations
sur ce que la loi forestière ayant permis l'aliénation
à titre de vente des portions de bois nationaux dont la
contenance n'excéderait pas cent arpens, et n'ayant
point imposé de conditions conservatrices aux acquéreurs, la plupart avaient défriché le terrain par eux
acquis.

D'après l'opinion assez générale qu'un bois de bonne
nature, bien aménagé et situé en des lieux de facile
débit, était au moins aussi productif qu'une terre
labourable ordinaire, j'ai cherché à me rendre compte
à moi-même des motifs qui engageaient les nouveaux
propriétaires à défricher, persuadé que cette recherche
était assez intéressante dans les circonstances actuelles
pour mériter l'attention de la société royale.

En examinant cette question, on y découvre d'abord
l'existence de deux intérêts d'autant plus importans à
distinguer, qu'ils se trouvent plus ordinairement en
opposition; savoir, l'intérêt du consommateur ou du
public, et l'intérêt personnel du propriétaire.

Nul doute que l'intérêt actuel du public consommateur ne consiste à ce qu'il ne soit défriché désor-
mais qu'une infiniment petite quantité de bois. Cette
vérité n'a plus besoin de développement.

Mais nous avons à examiner jusqu'où et dans quelles
circonstances l'intérêt personnel d'un acquéreur de
bois

bois nationaux se trouve en assez forte opposition avec l'intérêt public pour avoir besoin d'être contenu par des lois sévères.

Pour cet examen nous choisirons l'hypothèse qui se réalise le plus fréquemment et le plus universellement, celle où le produit annuel d'un bois est en faveur du propriétaire, à peu près au pair du produit d'une terre labourable de même étendue.

C'est à quoi nous nous bornons avec d'autant plus de convenance, qu'il serait inutile de s'occuper ni des parties de bois réductibles en gras pâturages, parce que, si ce cas arrive, l'intérêt du public et l'intérêt du propriétaire sont également que l'on défriche ; ni des bois situés sur des montagnes escarpées ou sur un coteau rapide, ou dans des lieux éloignés de toute habitation, ou sur un terrain peu propre aux productions céréales ; car évidemment l'intérêt de l'acquéreur n'étant pas de défricher, il ne défrichera pas.

Au moyen de cette double exception, la question, qui se présentait d'abord d'une manière trop générale pour être bien saisie, se trouve particularisée et réduite à un simple calcul. Afin de le rendre plus clair, et dans l'espoir qu'il résultera de ce problême économique des vérités utiles, j'en ai simplifié les données autant qu'il m'a été possible.

Soit un taillis de cent arpens à vendre par la nation, fonds et superficie ; ce taillis est de l'âge de vingt ans ; à cette époque il a atteint son *maximum* : il a été préservé de tout délit, et la valeur de sa dépouille est égale à 20,000 liv., y compris les baliveaux.

Nous supposerons encore l'intérêt de l'argent au denier 20 sans retenue, et la valeur intrinsèque des immeubles au denier 20 de leur produit, abstraction faite de l'impôt. On demande quelle est la valeur de ce taillis, fonds et superficie, dans le cas où il serait interdit à l'acquéreur de le défricher.

Je dis qu'elle est à peu près de 28080l. Je le démontre.

28080 liv. , prix principal , moins 20000 liv. , prix de la dépouille , égalent 8080 liv. ; l'acquéreur étant privé de l'intérêt de ces 8080 liv. pendant vingt ans , la somme se trouve doublée à cette seconde époque , et égale à 16160 liv.

Mais ce n'est pas la seule avance que l'acquéreur ait à faire ; car , s'il a emprunté les 8080 liv. en principal , il est obligé d'emprunter encore 404 liv. à la fin de chaque année , pour payer les intérêts dus à son créancier pendant tout le tems que le taillis a encore à croître , jusqu'à ce qu'il parvienne à l'âge de vingt ans. Ces intérêts d'intérêts , ou intérêts de 404 livres pendant dix-neuf ans , puis pendant dix-huit ans , puis pendant dix-sept , seize , quinze , etc. montent à 3838 l. Cette dernière somme , réunie à celle de 16160 liv. , donne un total de 19998 liv. dont l'acquéreur ne peut être indemnisé qu'à l'époque de la seconde coupe , c'est-à-dire , vingt ans après l'époque de son acquisition. Alors seulement sa situation devient parfaitement semblable à celle d'un acquéreur ordinaire qui eût acheté 20000 liv. un fonds dont le produit annuel eût été égal au vingtième du prix principal.

Examinons maintenant ce qui arriverait à ce même acquéreur , s'il lui était permis de défricher.

La production annuelle de chacun des cent arpens de l'hypothèse est de 10 liv. ; car 20000 , divisé par 100 , divisé par 20 , égale 10.

Je me contente de n'évaluer également qu'à 10 liv. moyennement le produit , par arpent de 48400 pieds carrés , d'une terre labourable ordinaire tenue en fermage.

Si l'acquéreur défriche , il aura dépensé , comme on l'a vu , en première avance 8080 liv. ; plus , les frais du défrichement.

Cette seconde dépense varie suivant la nature du terrain , et suivant le prix local des journées de manœuvres. J'ai exécuté de pareils défrichemens dans ma province , à raison de 60 livres par arpent , en abandonnant les racines et les vieilles souches aux ouvriers. Néanmoins je porterai cette dépense à 70 l., et pour cent arpens à 7000 liv. Cette dernière somme, réunie aux 8080 liv. de première avance, forme un total de 15080 liv., et c'est en cela seul que consistent toutes les avances du défricheur pour se faire un revenu de cent pistoles.

Mais les terrains défrichés donnent, on le sait, pendant les premières années, et sans engrais additionnels, des productions incomparablement plus abondantes qu'elles ne le sont par la suite, et voilà ce qui séduit la plupart des défricheurs. S'il était possible que ces terres conservassent leur première fertilité, ce n'est plus à raison de 10 liv. qu'elles seraient affermées, mais à raison de 30 liv. au moins ; car souvent il arrive, et je l'ai éprouvé, que les trois ou quatre premières récoltes dédommagent des frais de défrichement (1).

(1) Je puis attester le fait suivant, qui d'ailleurs est notoire en Bresse. Ayant fait, en 1769, l'acquisition d'un petit fief du nom de *Félicia*, pour le réunir à une terre dont mon père m'avait abandonné la disposition, l'acquisition fut de 10,000 l. ; il n'était alors affermé que 300 l., y compris les bois qui en dépendaient, et que l'on coupait, suivant l'usage du pays, tous les neuf ans.

J'en fis défricher environ vingt arpens, dont, à la vérité, une grande partie était réductible en prés, qui sont infiniment précieux en Bresse. Mon père ayant vendu sa terre huit ans après, Félicia entra pour 30,000 l. dans la vente, mais les trois premières récoltes m'avaient dédommagé entièrement des frais de défrichement, malgré un accident que j'essuyai dès la première année, et dont je vais parler, si l'on veut me permettre cette digression.

J'avais fait semer quatre arpens environ de cinq espèces de froment, très-différentes de celles qu'on cultive dans ma province, et dont les semences, que j'avais multipliées et conservées pures, m'avaient été envoyées, trois ans auparavant, d'Alicate en Sicile. Je crus faire des merveilles d'en couvrir mes quatre arpens, qui venaient d'être défrichés sur le bas d'un coteau. J'eus le chagrin de voir presque tout périr de la gelée, et ce fut le seul blé du canton que la gelée eût endommagé. Cet accident me dégoûta totalement des blés du midi. Peut-être eus-je tort, peut-être avais-je choisi un terrain encore trop humide. Quoi qu'il en soit, ces blés m'avaient paru, l'année précédente, de la plus grande beauté ; tous avaient des tiges de près de six pieds, la paille en était grosse et forte, les épis bien garnis et tous barbus, les grains très-gros.

Il n'est donc pas étonnant qu'un acquéreur qui croit n'avoir d'autre hasard à courir, en défrichant, que celui de placer son capital à raison de 10, ou tout au moins à raison de 7 pour 100, se livre par préférence à cette spéculation, qui lui présente en outre l'avantage de hâter sa jouissance.

Ainsi, puisqu'un très-grand intérêt politique s'oppose aux défrichemens, et dès que cet intérêt général est en sens contraire de l'intérêt individuel des acquéreurs, même en supposant une entière parité entre le produit annuel des bois et le produit annuel des terres labourables, il faut nécessairement, de deux choses l'une, ou que la nation impose rigoureusement des conditions conservatrices aux acquéreurs, ou, si ces conditions répugnent à ses principes sur la liberté, qu'elle s'abstienne de vendre.

On me reprochera peut-être d'avoir évalué à trop bas prix le revenu ordinaire d'un arpent de 100 perches carrées de 22 pieds en terre labourable. Mais je prie d'observer, 1°. que, dans bien des provinces, elles ne s'afferment pas plus chèrement ; 2°. que, s'il s'agissait d'un terrain valant 18 à 20 liv. de fermage par arpent, alors l'arpent de bois aurait valu lui-même plus de 200 liv. à vingt ans d'âge ; 3°. enfin, que, plus on supposera de valeur au produit des terres défrichées, plus l'intérêt de défricher augmentera. L'on peut au surplus diversifier, autant qu'on le voudra, mes données, constamment leurs résultats seront proportionnellement semblables.

La solution du problême économique dont nous venons de nous occuper, rend raison de plusieurs faits qui se passent sous nos yeux, mais dont les

M. de Buffon m'en fit demander pour M. Adanson, qui, à ce qu'on m'écrivit, cultivait alors un très-grand nombre de variétés de froment près des Invalides, et à qui mes cinq espèces étaient inconnues. Les noms qu'on leur avait donnés à Alicate étaient très-bizarres. Je n'en ai retenu qu'un seul, appellé *frumento del signor Iddio*.

causes , ce me semble, n'ont pas été, jusqu'ici, pleinement apperçues.

Par exemple , par là on explique pourquoi nous voyons les petits propriétaires faire si fréquemment des défrichemens et si rarement des plantations ou des semis ; il faut trop long-tems les attendre ; et , indépendamment de l'incertitude du succès , les avances , les intérêts de ces avances et les frais de garde sont trop considérables pour eux.

On voit pourquoi les grands propriétaires conservent mieux et défrichent moins. Leurs bois en coupes réglées leur donnent sans embarras un revenu fixe à peu près égal à celui que leur vaudraient les mêmes terrains s'ils étaient défrichés. D'ailleurs, la population étant moins forte dans les pays couverts de bois, ils auraient peine à trouver des cultivateurs.

On voit encore pourquoi il se trouve si peu de grands propriétaires qui fassent des repeuplemens , des semis , et sur-tout des éclaircies. Indépendamment de l'égoïsme qui n'a fait que trop de progrès de nos jours, la plupart s'en rapportent à leurs gens d'affaires : ceux-ci, encore plus froids sur la postérité de leurs patrons que ne le sont les pères eux-mêmes , préfèrent comme eux l'inaction à une activité qui ne leur serait pas personnellement utile, et le mérite de présenter une grosse somme d'argent , à la défaveur d'apporter un long registre de dépense.

Il n'en était pas de même des maisons religieuses; elles aménageaient mieux leurs bois , les semaient, les repeuplaient, et plusieurs d'entre elles les éclaircissaient; elles plaçaient ainsi leurs épargnes. Bâtir et planter étaient les seuls moyens qu'elles eussent d'acquérir; aussi leurs bois sont-ils les mieux conservés que nous ayons en France.

La science forestière requiert des connaissances plus variées, plus compliquées , plus approfondies qu'on ne l'avait pensé jusqu'ici. Et dans l'état actuel le meilleur aménagement possible de nos bois exige la plus grande unité dans les principes d'administration ; beaucoup de discernement dans l'application des principes physiques ; une surveillance persévéramment suivie qui empêche qu'on ne s'égare , et qui ne soit ni trop ni trop peu divisée pour être constamment active ; une grande quantité d'expériences faites avec ordre , avec suite et sans prévention ; la communication réciproque , prompte et facile des lumières acquises ; un point de centre , enfin, où tout aboutisse , se discute , se juge , et qui réagisse à son tour sur les parties de ce tout immense , dont il est singulièrement important de bannir les agioteurs et les faiseurs d'affaires.

ESSAI

SUR LES QUALITÉS INDIVIDUELLES ET COMPARÉES DES BOIS INDIGÈNES, OU QUI SONT ACCLIMATÉS EN FRANCE.

PREMIER MÉMOIRE.

LES arbres en général peuvent être considérés, ou par rapport aux lois qu'ils suivent dans leur développement et leur croissance, ou par rapport à leur ordre en botanique et à leur culture individuelle, ou enfin relativement aux différens usages économiques auxquels leur bois peut être employé.

Des physiciens de la plus haute réputation et de savans botanistes se sont occupés de l'étude des arbres. La *Statique des Végétaux*, de Halles, traduite par le comte de Buffon ; la *Physique des Arbres*, de Duhamel ; l'*Usage des feuilles dans les végétaux*, par M. Bonnet ; le *Traité théorique et pratique de la Végétation*, par M. Mustel, ont completté ce qu'il est important de savoir sur l'anatomie des arbres. A l'égard de leur nomenclature et de leur culture, le Traité des Arbres et Arbustes de M. Duhamel, les articles dont feu M. Daubenton et M. le baron de Tschoudi ont enrichi l'Encyclopédie, et le célèbre Dictionnaire de Miller, dont on vient de donner la traduction, ne laissent presque plus rien à désirer.

Mais les observations qu'on a faites jusqu'à présent sur les différens emplois et les qualités individuelles de leurs bois, ne sont pas, à beaucoup près, aussi complètes ; il reste, à cet égard, beaucoup d'expériences à faire et des résultats à acquérir, que l'économie sollicite.

A la vérité, Duhamel a composé deux traités, l'un sur les semis et plantations, l'autre sur l'exploitation des bois, qui ne sauraient être trop souvent consultés. Le comte de Buffon avait été chargé par le gouvernement de faire des expériences sur la force et la résistance des bois de haut service. Il a conçu et traité ce grand objet avec le génie qui le caractérise. Enfin Malpighi, Belidor, et, dans ces derniers tems, M. Lecamus, de Mézières, nous ont appris quelles étaient les proportions à observer dans les équarrissages, le rapprochement, la longueur et l'épaisseur des poutres et des solives, afin d'obtenir la plus grande résistance possible contre la pression des corps qu'elles doivent supporter. Mais, encore que Duhamel ait fait mention de quelques usages auxquels on applique les espèces d'arbres qu'on rencontre le plus fréquemment dans l'exploitation des futaies et des taillis, il m'a paru que ces physiciens s'étaient principalement attachés aux propriétés des bois de haut service, et qu'ils n'avaient point porté le même degré d'attention sur les qualités des bois d'une espèce moins noble.

Cependant les recherches à cet égard ne pouvant être trop multipliées, quand même les expériences dont j'ai cru devoir m'occuper ne conduiraient qu'à ménager les bois précieux dont la rareté devient alarmante; quand elle apprendrait seulement qu'on peut, en bien des cas, leur substituer des bois d'une qualité inférieure qui rempliront également bien le même objet, elles ne seront point totalement infructueuses.

Mes vues dans ce travail ont été principalement d'indiquer à mes concitoyens les arbres dont la culture pourra leur être plus avantageuse ; et pour citer en peu de mots un exemple sur lequel nous serons dans le cas de revenir par la suite, tout le monde connaît en Bresse ce qu'on appelle des *tronchées* (1). On sait avec quelle profusion nos clôtures, déjà trop multipliées peut-être, sont en outre surchargées de chênes étronçonnés, dont les racines s'étendant au loin dans les terres, y causent un dommage inappréciable. Pourquoi ne pas garnir nos haies en arbres fruitiers qu'on n'étronçonnerait pas, et dont au moins le bois serait précieux ? Ou, si l'on veut absolument des *tronches*, pourquoi ne pas substituer à des chênes, qui ne sont plus bons que pour le chauffage, de l'acacia, de l'orme, de l'érable, et sur-tout du frêne, dont le cœur n'est pas aussi sujet que celui du chêne à être altéré par cette opération, avec lequel on fait un placage d'autant plus varié que l'arbre a été étronçonné plus souvent, et dont la feuille est un excellent fourrage ?

Nous diviserons le service des bois en six classes principales auxquelles les autres services peuvent se rapporter ; à savoir : 1°. la charpente et le pilotage; 2°. la menuiserie ; 3°. le charronnage ; 4°. la fente, l'ébénisterie et le placage ; 5°. la cerclerie, la sculpture d'ornemens et le tour ; 6°. le chauffage.

Pour reconnaître celui ou ceux de ces services auxquels un bois quelconque est applicable, il est donc nécessaire d'en observer et d'en comparer soigneusement toutes les qualités, telles que sa pesanteur spécifique en vert et en sec, sa disposition plus ou moins grande à faire retraite, à se fendre ou à se tourmenter par l'effet du desséchement ; le tems qu'il lui faut pour parvenir à l'état d'une dessiccation parfaite ; sa force, son élasticité, le degré de finesse de son grain et du poli dont il est susceptible ; la dureté

---

(1) On donne, en Bresse, le nom de *tronchées* à des cantons de bois où le chêne domine, et qui ne croissent ni en taillis ni en futaie. Ce sont des arbres qu'on étronçonne à huit ou dix pieds au-dessus du sol, lesquels forment ensuite des têtards. On les dépouille de leurs branches tous les six à sept ans, et le bétail trouve par-dessous un mauvais pâturage. C'est de toutes les manières d'aménager les bois la plus vicieuse.

ou la mollesse, la flexibilité ou la rigidité de ses fibres longitudinales ou transversales; l'espèce de résistance ou de difficulté qu'il oppose à l'outil de l'ouvrier; sa couleur, et l'altération que cette couleur éprouve par le contact immédiat de l'air; enfin sa disposition plus ou moins grande à accélérer sa croissance dans nos climats.

Le morceau d'ébénisterie que je soumets aujourd'hui à l'examen de la société royale, prouve déjà que, sans avoir recours aux deux Indes, on peut construire un meuble en placage qui ait quelque élégance. Tous les bois qui y sont employés ont cru dans la Bresse; le bâtis de l'ouvrage est entièrement de peupliers d'Italie; l'if, le cormier, le pseudo-acacia, le mûrier blanc, l'épine-vinette, le prunier, le pêcher, le houx, le frêne, le noyer, le chêne noirci dans l'eau, et le cerisier, ont servi au placage.

J'espère être en état un jour de ne pas borner mes expériences aux bois indigènes; je me propose d'y joindre les arbres qui peuvent s'acclimater en Bresse; l'Amérique septentrionale en a rendu la liste nombreuse. Cette étude, comme on voit, exige assez de détails et de soins, mais sur-tout beaucoup plus de tems que je ne l'avais d'abord pensé : plus mes observations se sont multipliées, plus je me suis convaincu qu'il en restait encore énormément à faire. J'ai déjà rassemblé des échantillons en assez grand nombre; j ai été puissamment secondé dans cette collection par plusieurs des membres de la société dans laquelle j'ai l'honneur d'être admis, et par quelques citoyens qui se sont empressés, avec autant da générosité que de zèle, à rendre mon ouvrage plus intéressant. Mais le tems ne m'a pas permis de présenter en cette année beaucoup au-delà d'un simple apperçu de mon travail, et le peuplier d'Italie est le seul arbre sur lequel mes observations, telles que je suis capable de les faire, aient été commencées d assez bonne heure pour être à peu près complètes.

PEUPLIER D'ITALIE (*Populus nigra Italica, foliis acuminatis, dentatis, ramis erectis.*)

IL n'y a pas encore quarante ans qu'on connaît le peuplier d'Italie en France, et il n'y en a pas vingt qu'on le cultive en Bresse. Ce fut, dit-on, M. de Reigemortes qui l'apporta de Lombardie, et qui en fit planter le long du canal de Montargis. Cet arbre, dès qu'il parut, fut accueilli avec une sorte d'enthousiasme; avant de le bien connaître, on en fit les éloges les plus pompeux. Son bois, disait-on, était dur, propre à faire des charpentes de toutes espèces, et jusqu'à des mâts de vaisseaux. Son produit devait être si avantageux, qu'un particulier, avec quatre cents boutures, était assuré de trouver 15 à 16000 liv. au bout de quinze ans, dans un fonds qui ne valait pas auparavant 200 liv. de principal. (*Préface du Mémoire sur l'art de cultiver le peuplier d'Italie*, Paris, 1767, pag. 4.)

Comme cet arbre reprend aisément, qu'il donne beaucoup de branches, et qu'en peu d'années il fut facile de se procurer une grande quantité de boutures, on en planta avec profusion. L'extrême engouement a produit l'extrême dégoût, comme il arrive presque toujours. On avait d'abord exagéré ses bonnes qualités, on lui en avait attribué d'imaginaires; bientôt on les lui a toutes refusées. C'est ainsi que

> Dans la droite raison jamais n'entre la nôtre,
> Et toujours d'un excès nous nous jettons dans l'autre.
>
> (*Acte V, scène 1 du Tartufe.*)

Les détracteurs du peuplier d'Italie ont été jusqu'à lui reprocher la facilité avec laquelle il se multiplie, sa trop prompte croissance, sa longue uniformité, qui le rend triste, disent-ils. On veut sans doute que les plaisirs coûtent pour être sentis. Serait-ce parce que cet arbre n'a pas besoin du croissant pour former en peu d'années le plus bel ombrage, qu'on lui préfère quelquefois ces murailles de charmilles, si monotones, si lentes à croître, si hérissées de broussins, de chicots, et qu'on est dans l'obligation de tondre deux fois dans l'année pour leur apprêter une régularité qu'elles ne tiennent pas de la nature?

Quelques cultivateurs, qui mal-à-propos en ont planté dans des terres arides, ou, ce qui était pis, dans des terres argileuses, se sont plaint de ce qu'on les avait trompés en leur annonçant un prodige de croissance.

M. Fougeroux de Bondaroi, dans un mémoire publié par la société royale d'agriculture, nous annonce que « cet arbre ne vient jamais très-gros, et
» que, lorsqu'au bout de vingt à vingt-cinq ans on
» est dans le cas d'en tirer un profit en l'exploitant,
» on ne sait à quel emploi on doit le destiner conve-
» nablement. On en a mis en terre, nous dit-il,
» comme devant servir de poteau ou barrière, et six
» mois après, en forçant un peu le pouce sur un de
» ces poteaux, on parvenait aisément à y former
» une ouverture, comme avec une tarière ou comme
» dans une éponge. J'en ai fait faire des sabots,
» ajoute-t-il, qui dans l'eau devenaient très-lourds,
» et conservaient l'humidité. Lorsqu'il a été débité
» en planches, les fibres du bois se levaient et se
» prêtaient difficilement à la varlope ; enfin, il a
» essayé de les laisser séjourner dans l'eau avant de
» les travailler, mais fort inutilement, certaines par-
» ties du bois où l'eau avait séjourné, ayant pris
» une couleur verte qui annonçait une moisissure,
» ou un dépérissement au moins commencé ».

D'autre part, M. Mustel, dans son *Traité théo-rique et pratique de la Végétation*, t. III, p. 420, s'exprime dans les termes suivans : « Beaucoup de
» gens qui n'ont jamais fait ni vu faire usage de son

» bois, décident qu'il n'est bon à rien, et ceux qui
» en connaissent l'usage, savent et attestent qu'on
» en fait d'assez bonnes pièces de charpente pour de
» petits bâtimens; qu'on en fait des sabots; que les
» sculpteurs qui le connaissent l'emploient de préfé-
» rence au tilleul; mais sur-tout qu'on en fait de
» belles et bonnes planches qui s'emploient dans les
» différens ouvrages de menuiserie. Ce bois sans
» nœuds, doux et facile à travailler, se prête aisé-
» ment à l'action des outils qui forment les moulures.
» J'en ai vu, ajoute M. Mustel, des lambris plus
» beaux et meilleurs que ceux de sapin. Il dure fort
» long-tems, étant à couvert, et même étant exposé
» aux injures de l'air, lorsque, en le peignant, on
» l'a bien imprégné d'huile. On l'emploie en pilotis,
» parce qu'il se conserve très-long-tems dans l'eau,
» pourvu qu'il en soit toujours couvert ».

Quel agriculteur ne serait pas embarrassé en lisant
des assertions aussi contradictoires? Comment se dé-
cidera-t-il, à moins que l'expérience et des observations suivies avec exactitude ne viennent à son secours? Je désire qu'il puisse s'aider de celles que j'ai
été à portée de faire, et dont je vais rendre compte.

Le peuplier d'Italie est le plus léger de tous les bois
que j'aie observés jusqu'ici, et le cormier en est le
plus lourd; ces arbres me paraissent former les deux
extrêmes de la pesanteur spécifique de nos bois d'Europe. Le pied cube du cormier, parfaitement sec,
pèse soixante-douze livres trois onces, et celui du
peuplier d'Italie vingt-quatre livres huit onces seulement : mais la pesanteur de l'un et la légèreté de
l'autre me paraissent également un bienfait de la nature, suivant l'usage auquel on les destine.

Le parallélipipède d'après lequel j'ai calculé la pesanteur spécifique du peuplier d'Italie, provenait
d'un arbre coupé en Avril 1787; il porte un pied de
hauteur sur 6 pouces d'équarrissage. Il pesait, le 22
Avril, quinze livres quatorze onces un gros, ce qui

revient à soixante-trois livres huit onces quatre gros par pied cube. Il me paraît aujourd'hui peser invariablement six livres deux onces, ou vingt-quatre livres huit onces par pied cube. On voit par là combien il est économique de laisser sécher le peuplier d'Italie avant de le transporter au loin ; il est également important de l'équarrir, afin de hâter l'évaporation de la séve.

Si la séve séjournait trop long-tems, elle pourrait fermenter et altérer la qualité du bois. Ayant coupé, au mois de Février 1786, un peuplier d'Italie, j'en fis déposer un tronçon d'environ 10 pieds dans un grenier ; il fut mis debout. Le 8 Octobre suivant, l'écorce en était aussi verte que si l'arbre eût été coupé le jour même, et il avait poussé le long de la tige une douzaine de branches de 7, 8 et 10 pouces de longueur. J'en fis sur-le-champ équarrir un échantillon qui pesait à raison de cinquante-trois livres quatorze onces par pied cube. Il n'avait encore perdu par conséquent qu'environ un quart de son eau, et j'ai cru reconnaître qu'il était échauffé.

C'est avec grande raison que M. Mustel a annoncé qu'on pouvait faire de la sculpture avec le peuplier d'Italie, et j'en présente la preuve. Il est également avéré que son bois se prête aisément à l'action des outils qui forment les moulures. J'ai craint qu'il ne fût pas également propre à l'assemblage, et qu'il ne fendît sous le ciseau qui forme les mortaises ; mais les échantillons de menuiserie et d'ébénisterie que j'apporte, ne laissent à cet égard aucun doute. Le sieur Colasson, sculpteur et doreur, et le sieur Canale, ébéniste, m'ont observé seulement qu'il fallait que les outils fussent bien affilés, que le tranchant en fût beaucoup plus fin que pour les bois durs, et qu'on était dispensé de les repasser aussi souvent sur la pierre. Le sieur Colasson m'a ajouté que les fibres longitudinales étaient quelquefois sujettes à se mâcher sous le ciseau, lorsqu'on voulait les couper

perpendiculairement à leur axe , et que le bois serait
trop mou pour que la dorure réussît parfaitement
sous le brunissoir, si l'on ne prenait la précaution de
le charger d'apprêt. C'est donc , suivant toute apparence , pour s'être servi d'un rabot dont le fer était
mal disposé , qu'on a dit que les fibres du peuplier
d'Italie se prêtaient difficilement à la varlope : j'ai
vu plus d'une fois enlever sous cet outil des copeaux
extrêmement minces et de toute la longueur de la
planche ; et puisqu'on en fait aussi des ouvrages de
tour qui ne présentent aucune inégalité dans leur surface , je puis attester , avec M. Mustel , que ce bois
est l'un des plus doux et des plus faciles à travailler
qui s'emploient.

Suivant le sieur Canale , il prend parfaitement
bien la colle , suite naturelle de son peu de densité ,
et de l'égalité de sa fibre ; et c'est pour cette raison
qu'il le préférerait pour le bâtis de ses ouvrages , s'il
n'était pas encore un peu rare en Bresse.

Il est encore recherché et préféré à tous les autres
bois pour en fabriquer les tables des soufflets de forge ,
parce qu'il n'est sujet ni à se fendre , ni à se tourmenter , ni à faire retraite ; qualités bien rares dans
la plupart de nos bois, que le peuplier d'Italie possède
éminemment , et qui , jointes à son extrême légèreté
et à sa prompte dessiccation , doivent le faire employer de préférence au sapin pour les lambris et les
menuiseries légères.

J'ignore encore s'il est sujet à la vermoulure. Depuis six mois j'en ai entremêlé avec du hêtre , connu
pour se vermouler aisément ; jusqu'à présent tous deux
sont intacts.

Il brûle bien , jette assez de flammes , mais il brûle
très-vite. J'en comparerai la durée avec les autres bois
de chauffage , lorsque ceux qui doivent me servir de
comparaison auront atteint le degré de desséchement
convenable.

Les sabots de peuplier d'Italie sont , comme on le

voit, d'une extrême légèreté. Mon jardinier, qui s'en est servi cet hiver, m'a rapporté qu'ils séchaient promptement auprès du feu sans se fendre, mais qu'ils s'usaient plus vite que ceux de noyer et de bouleau.

Pour comparer ces bois entre eux, et m'assurer de leur disposition à pomper l'eau, à s'alourdir et à conserver l'humidité, j'ai fait l'expérience suivante:

Le 21 Septembre 1787, j'ai choisi trois paires de sabots, l'une de noyer, l'autre de bouleau, et la troisième de peuplier d'Italie.

Celle de noyer pesait......	2 liv.	5 onc.	0 gros.
Celle de bouleau	1	9	6
Celle de peuplier d'Italie..	0	10	2

Je les ai placées dans un baquet, la pointe en bas; après les y avoir assujetties, j'ai versé de l'eau dans le baquet jusqu'à fleur de l'ouverture des sabots.

L'eau s'est enfiltrée à travers le bois dans l'intérieur des sabots, de manière qu'en moins de vingt-quatre heures elle s'est trouvée de niveau avec l'eau du baquet, nulle différence entre eux à cet égard; je les en ai tirés; et après les avoir essuyés, j'ai trouvé que les sabots de noyer avaient gagné en pesanteur, par l'effet de l'immersion, sept onces un gros, ceux de bouleau 9 onces quatre gros, et ceux de peuplier d'Italie cinq onces cinq gros.

Six jours après, les sabots de peuplier n'avaient plus que deux gros à perdre pour parvenir à leur premier état de desséchement, tandis que ceux de noyer avaient encore à perdre une once un gros, et ceux de bouleau sept gros. Cette expérience ne m'a pas paru mériter la peine d'être plus long-tems suivie.

Je n'ai point encore essayé de faire de l'ouvrage de fente avec le peuplier d'Italie, mais j'ai inutilement tenté d'en faire des cercles. Son jeune bois est trop cassant; et comme il n'est pas fort ordinaire de se servir de bois blanc pour faire des poteaux, pas même d'y employer du chêne couvert de son aubier,

je

je crois inutile d'avertir que le peuplier d'Italie ne vaut rien pour cet usage.

Les peupliers d'Italie grossiront quand on voudra bien les planter à des distances telles qu'ils ne s'affament pas réciproquement. Plusieurs personnes m'ont assuré qu'il s'en trouvait de très-gros en Lombardie; et lorsqu'un arbre acquiert, en treize ans, 15 pouc. de diamètre moyen, le reproche qu'on lui a fait de ne grossir point me paraît mal fondé.

Tout le monde connaît la belle expérience que le comte de Buffon nous a transmise sur l'effet de l'écorcement du chêne. Cette opération, comme on sait, lui fait acquérir plus de densité, de dureté et de force, au point que non-seulement l'aubier du chêne écorcé devient plus pesant que l'aubier du chêne abattu avec son écorce, mais beaucoup plus fort que le meilleur bois; et que la force moyenne du cœur du chêne écorcé, prise sur quatre arbres, est à la force moyenne du cœur de quatre autres chênes abattus avec leur écorce, comme 34274 à 29625, c'est-à-dire que cette opération en augmente la force de plus d'un sixième. La densité ne suit pas la même proportion; elle s'est trouvée seulement comme 1012 à 947, ou augmentée d'environ un quatorzième par l'effet de l'écorcement. Le comte de Buffon explique les causes physiques de ce phénomène dans son mémoire, qu'il termine en invitant de faire les mêmes épreuves sur d'autres bois que le chêne.

Depuis long-tems je désirais de les répéter sur le peuplier d'Italie; j'ai donc prié MM. les syndics-généraux de me permettre l'écorcement de quelques peupliers plantés sur la route de Bourg à Coligny. Au mois de Mars 1785, j'en fis écorcer deux, l'un sur une longueur de 12 pieds, l'autre sur une longueur de 24. Tous deux se chargèrent de feuilles, mais l'arbre écorcé sur 24 pieds jaunit au commencement de l'automne, et perdit ses feuilles d'assez bonne heure; l'autre ne parut pas avoir souffert.

Mon intention était d'attendre encore un an avant de les abattre ; mais ayant été instruit que, pendant l'hiver, on avait volé le peuplier écorcé à 12 pieds, je me hâtai de faire couper celui qui restait, et de le débiter conjointement avec un peuplier non écorcé qui devait me servir pour le lui comparer.

Cependant, dans la crainte que mon expérience ne fût insuffisante, j'ai demandé et obtenu, l'année suivante, quatre autres peupliers. L'un a été écorcé au printems 1786 sur une hauteur de 12 pieds, le second sur 15, le troisième sur 18, et j'ai réservé le quatrième avec son écorce. Je les ai fait abattre le 7 Octobre 1786. Le peuplier abattu avec son écorce était âgé de quatorze ans, et portait 74 pieds d'élévation depuis le niveau de la terre jusqu'à la cîme.

Le lendemain j'ai fait couper un tronçon sur chacun de ces arbres ; on les a numérotés, puis équarris, puis réduits en parallélipipèdes de 10 pouces de hauteur sur 5 pouces 5 lignes d'équarrissage ; dimension qui s'est trouvée mauvaise, en cela qu'elle est difficilement réductible au pied cube ; je l'ai réformée quand il a été question d'opérer sur les autres bois.

J'ai tenu mes échantillons dans un lieu sec, et je les ai régulièrement pesés tous les huit jours. Aujourd'hui leur pesanteur ne varie plus, et il me suffira de faire mention, pour cette fois, de la première et de la dernière pesée.

Peut-être donnerai-je par la suite une table des pesées intermédiaires, conjointement avec les pesées des autres bois.

	10 *novemb.* 1786.			8 *sept.* 1787.		
N°. 1 , écorcé en 1785 , et coupé en février 1786 , pesait.	5 l.	9 on.	0 gr.	3 l.	13 on.	0 gr.
N°. 2 , coupé avec son écorce en février 1786.	9	2	6	4	2	0
N°. 3 , écorcé sur 12 pieds en 1785.	11	3	3	4	3	6
N°. 4 , écorcé sur 15 pieds.	9	12	5	4	3	5
N°. 5 , écorcé sur 18	9	15	0	4	8	0
N°. 6 , abattu avec son écorce . . .	10	0	4	4	6	2

L'opération de l'écorcement a donc plutôt diminué

qu'augmenté la pesanteur spécifique. La première pesée du n°. 3 m'avait donné une toute autre espérance ; mais cet excès de pesanteur ne provenait, comme on voit, que d'une quantité de séve surabondante. Peut-être me suis-je trop pressé de l'abattre ; le vol commis l'année précédente m'avait fait craindre d'éprouver une seconde fois le même sort.

Il ne me restait plus qu'à connaître la force du peuplier d'Italie, en la comparant avec celle des autres bois.

A la hauteur de 6 pieds 6 pouces, j'ai fait creuser horizontalement, dans une pierre de taille faisant partie d'un mur élevé et fort épais, un trou carré de 8 pouces de profondeur, et de 2 pouces francs à chaque face. J'ai armé la partie inférieure de ce carré par un morceau de fer à fleur de la muraille, et il y a été scellé d'une manière inébranlable.

J'ai fait construire un anneau carré avec du fer, de 12 lignes de largeur sur 4 d'épaisseur. L'extrémité des solives, qui toutes ont 2 pouces d'équarrissage, entre juste dans cet anneau. Sur la partie supérieure de l'anneau, on a ajusté une vis qui empêche qu'il ne s'échappe de la solive pendant l'expérience. La partie inférieure de l'anneau est armée d'un fort crochet, et à ce crochet on suspend par quatre cordeaux un plat de balance fait avec un madrier de 15 lignes d'épaisseur et de 18 pouces en carré. Tout cet appareil pèse quinze livres et demie.

A la distance de 5 pieds justes de la muraille, on tenait verticalement une tringle de bois graduée, afin d'y observer l'angle parcouru par la solive avant sa fracture, et de juger par là de son élasticité.

Quelques raisons m'ont fait préférer cet appareil à celui dont s'est servi le comte de Buffon, et qui consistait à placer les solives de sorte que l'effort du poids portât sur le milieu de la solive. C'est de cette manière qu'il est parvenu à briser des poutres de 18 pieds de longueur et de 8 pouces d'équarrissage , sous le poids effrayant de près de vingt-huit milliers.

Mais l'intention du comte de Buffon était de s'assurer de la force absolue des bois d'une même espèce, suivant leurs différentes longueurs et leurs différens équarrissages. La mienne a été seulement de chercher la force comparée des différentes espèces de bois d'une longueur et d'un équarrissage semblables. Dèslors mon appareil devenait d'un service plus facile , n'ayant plus besoin , pour casser une solive par son extrémité , que de la moitié du poids qu'il eût fallu employer pour la casser dans son milieu. D'ailleurs , comme , suivant les lois de la mécanique , la brisure devait s'opérer contre la muraille au point de contact , toutes les fois que la brisure s'est rapprochée de la puissance , cette circonstance devait me démontrer que la solive était viciée , et qu'il importait de recommencer l'expérience. Ce dernier événement a été assez rare.

Ayant donc fait dresser à la varlope toutes mes solives le plus également qu'il a été possible ; après les avoir fait couper à la longueur égale de 7 pieds 8 pouces ; après avoir choisi et marqué le côté qui devait entrer dans la muraille , les avoir numérotées et pesées , et m'être prémuni d'une quantité de poids suffisante , j'ai commencé mes expériences en présence de M. l'abbé Barquet (1) , qui a bien voulu m'aider de ses lumières , et tenir lui-même la tringle graduée qui devait déterminer l'angle sous lequel les solives se briseraient.

La solive n°. 1 , provenant d'un peuplier d'Italie écorcé en 1785 , et coupé en Février 1786 , pesait quatre livres neuf onces quatre gros ; elle a cassé net et sans fendre , au point de contact , sous le poids de cinquante-sept livres et demie , après avoir fléchi de 5 deg. 30 min.

____

(1) Savant professeur de physique , principal du collège de Bourg.

Le n°. 2 , coupé en 1786 avec son écorce , pesait cinq livres six onces deux gros ; elle a cassé avec éclat , et dans le même instant , en deux endroits ; à savoir, contre la muraille au point de contact , et à 2 pieds 10 pouces de la balance ; après avoir parcouru un angle de 7 deg. 30 min. sous le poids de cent une livres huit onces , la brisure du milieu de la solive a été déterminée par un nœud considérable qui s'y est trouvé ; la brisure au point de contact a occasionné une fente d'un pied de longueur.

Le n°. 3 , provenant d'un peuplier écorcé sur 12 pieds de hauteur , pesait cinq livres cinq onces trois gros : cette solive s'est cassée à 6 pouces environ du point de contact , où il s'est trouvé un nœud caché assez considérable , après avoir décrit un angle de 9 deg. 15 min., et sous le poids de soixante-seize livres et demie : la brisure s'est faite avec éclat.

J'ai soumis à l'expérience une seconde solive du même n°. ; elle s'est cassée avec éclat au point de contact, où il s'est trouvé un nœud caché au centre de la solive , sous le poids de quatre-vingt-dix-sept livres , après avoir parcouru 15 degrés : la solive pesait cinq livres trois onces six gros.

Le n°. 4 provenait d'un peuplier écorcé sur 15 pieds de hauteur. Il pesait cinq livres quatre onces trois gros ; il a cassé au point de contact , après avoir parcouru 13 deg. 30 min. , sous le poids de quatre-vingt-treize livres et demie.

Le n°. 5 provenait d'un peuplier écorcé sur 18 pieds. Il pesait cinq livres quatre onces quatre gros , et a cassé au point de contact , sous quatre-vingt-dix-neuf livres et demie , après avoir parcouru un angle de 13 degrés.

Le n°. 6 , peuplier coupé avec son écorce en 1787, pesait cinq livres deux onces sept gros ; il a cassé net tout à la fois au point de contact et dans le milieu de la solive où il s'est trouvé un nœud , sous le poids de quatre-vingt-huit livres et demie , et sous l'angle de 10 deg. 30 min.

Une solive du même numéro , pesant cinq livres deux onces deux gros , s'est cassée au point de contact , et en se fendant sur une longueur de 18 pouc. , sous le poids de cent cinq livres , après avoir fléchi de 17 deg.

Le n°. 7 , peuplier à feuilles blanches , pesait sept livres huit onces deux gros ; après avoir éclaté dans un défaut situé au milieu de la solive , il a cassé net au point de contact , sous le poids de cent seize livres et demie , et sous un angle de 16 deg.

Le n°. 8 , peuplier ypréau , pesait sept livres treize onces cinq gros ; il a éclaté , au point de contact , sous l'angle de 16 deg. 30 min. , et a continué de baisser jusqu'à parcourir un angle de 21 deg. 30 min. sans se casser entièrement , et sous le poids de cent quarante-sept livres et demie : vraisemblablement il eût porté quelques livres de plus , si la balance n'avait pas touché terre.

N°. 9 , peuplier ordinaire : il pesait six livres huit onces six gros ; il a cassé sous le poids de soixante-dix-sept livres et demie , et à l'angle de 5 deg. 30 m. ; mais comme il n'a pas cassé au point de contact , on ne doit rien conclure de cette expérience ; cependant le bois n'en paraît point altéré.

Une semblable solive , pesant six livres huit onces deux gros , a cassé au point de contact , sous l'angle de 13 deg. 15 min. , et sous le poids de cent quarante-quatre livres.

N°. 10 , tremble , pesait six livres douze onces ; il a cassé , au point de contact , sous le poids de cent trente-deux livres et demie , après avoir parcouru un angle de 10 deg. 30 min.

N°. 11 , l'aune , pesait sept livres quatorze onces ; il a cassé , au point de contact , sous le poids de cent trente-cinq livres et demie , et à l'angle de 11 d. 45 m. , après avoir commencé à éclater sous l'angle de 9 d.

N°. 12 , le hêtre , pesait onze livres six onces trois gros ; il a cassé , au point de contact , sous le poids de cent soixante-deux livres et demie , et sous l'angle de 10 deg. 30 min.

N°. 13 , le charme, pesait onze livres huit onces six gros ; il s'est brisé avec éclat , en fendant au point de contact , à l'angle de 10 d. 30 min. , sous le poids de deux cents vingt-huit livres et demie.

N°. 14 , le frêne, pesait dix livres quinze onces ; il a porté deux cents livres et demie sans se casser , après avoir parcouru un angle de 21 d. 30 min. Comme la balance touchait terre , j'ai été forcé d'en enlever le poids et d'en raccourcir les supports : la solive s'est redressée en partie ; mais lorsqu'on a rechargé la balance , la solive n'a plus été en état de supporter le poids auquel elle avait d'abord résisté ; elle s'est fracturée , en fendant au point de contact , sous le poids de cent quatre-vingt-neuf livres et demie seulement.

N°. 15 , le sycomore , pesait dix livres dix onces deux gros ; il a cassé net , au point de contact , sous le poids de cent vingt-sept livres et demie , à l'angle de 8 d. 40 min.

N°. 16 , le pin (*pinus sylvestris Genevensis vulgaris* J. B.) pesait sept livres quatorze onces cinq gros ; il a cassé sous le poids de cent vingt-sept livres et demie , après avoir parcouru un angle de 9 d.

N°. 17 , le bouleau , pesait neuf livres deux onces quatre gros ; il a éclaté sous l'angle de 18 degrés , et a cassé , au point de contact , sous le poids de cent quatre-vingt-dix livres et demie , et à l'angle de 19 d.

N°. 18 , le chêne , pesait onze livres sept onces six gros ; il a parcouru 12 degrés , et a cassé , au point de contact , sous le poids de cent quatre-vingt-cinq livres et demie. On sera sans doute surpris qu'il ait opposé moins de résistance que le bouleau ; cependant la solive était parfaitement saine , sans aubier , et provenait d'un chêne vigoureux.

Les peupliers d'Italie que j'ai fait casser étaient

dans l'état d'une parfaite dessiccation , puisque , depuis plus d'un mois, ils ne variaient de poids, en plus ou en moins , que suivant la disposition de l'atmosphère. J'avoue que les bois plus denses , tels que chêne , le charme , le hêtre , etc. n'étaient point encore totalement desséchés , et que les expériences mentionnées ci-dessus ne concluent pas à leur égard d'une manière absolue ; aussi me proposé-je de les renouveller, lorsque je traiterai de chacun de ces arbres en particulier.

Nous nous bornerons donc , quant à présent , à conclure que l'opération de l'écorcement n'a presque rien changé à la pesanteur spécifique du peuplier d'Italie ; que sa force en a plutôt diminué qu'augmenté , puisque les solives n°. 2 et n°. 6 sont celles qui ont opposé le plus de résistance ; qu'on ne doit l'employer , en qualité de bois de charpente , que pour des ouvrages qui n'auront pas de lourds fardeaux à supporter , et qu'il est un des meilleurs bois que l'ébéniste et le menuisier puissent mettre en usage pour les lambris , les ouvrages légers , et tout ce qui ne sera pas dans le cas d'éprouver de violens frottemens.

DESCRIPTION ABRÉGÉE

DU BOIS DE QUELQUES ARBRES EXOTIQUES QUE
FOURNIT LE COMMERCE, ET QUI S'EMPLOIENT
DANS L'ÉBÉNISTERIE.

CETTE description-ci, nécessairement fort sèche, on ne peut pas moins savante, et malheureusement encore très-incomplète, ne saurait exciter le même intérêt que l'histoire de nos arbres indigènes; elle ne plaira pas sur-tout, à beaucoup près, autant que les articles de cette histoire qui ont été traités par M. de Malesherbes; mais on passe aux voyageurs les descriptions nautiques, malgré l'ennui qu'elles inspirent, en faveur de leur utilité. Je demande la même indulgence.

C'est moins l'esquisse d'un travail déjà fait que le projet d'un travail à faire que je présente; et d'un travail d'autant plus difficile, que la connaissance complète du bois que fournissent les arbres exotiques, ne peut s'acquérir que dans leur patrie; mais que d'intérêt un observateur habile peut y répandre!

La végétation des arbres qui croissent entre les tropiques, soit dans les climats qui n'éprouvent d'autres changemens que l'alternative des saisons sèches et humides, soit dans des terrains perpétuellement abreuvés, ressemble si peu à la végétation des arbres qui éprouvent le froid des hivers, qu'il en doit résulter des différences énormes dans la qualité, le grain, la couleur, la dureté, l'élasticité, le tissu de leurs bois.

Je les ai observées en partie, ces différences, sur le petit nombre d'échantillons que j'ai pu me procurer.

En général les bois de la zone torride sont incomparablement plus lourds et plus durs que les nôtres. On verra qu'il se montre une différence de plus de vingt-deux livres par pied cube entre le plus lourd des bois de l'Europe et le plus lourd des bois de la Guiane.

Les bois rouges m'ont paru plus communs entre les tropiques que les bois blancs ne le sont dans les zones tempérées. La configuration des fibres, celle des pores, le tissu intérieur sont totalement dissemblables : je crois, par exemple, qu'il est presque impossible de déterminer dans la Guiane l'âge d'un arbre par ses couches annuelles, sur-tout s'il a cru dans un terrain perpétuellement arrosé.

Je n'ai reconnu, dans aucun de mes échantillons, ces fibres longitudinales et coriaces qui s'appliquent immédiatement contre la dernière couche de la plupart de nos arbres d'Europe, dès que la séve se renouvelle. (*Voyez* partie II, page 13.)

La force et l'élasticité des bois exotiques nous sont encore totalement inconnues. Qui peut prédire quelle sera la mesure de résistance du *bois de corne*, comparée avec celle du chêne ? Et cependant de quelle utilité ne serait-il pas pour les arts de connaître un bois inattaquable aux insectes, et qui, sous un petit volume, fût capable d'opposer une forte résistance ?

J'aurais voulu pouvoir donner le nom botanique à la suite du nom vulgaire aux bois étrangers que j'ai décrits, je l'ai donné quand j'en ai été instruit ; mais je n'ai trouvé que de la confusion, des descriptions incomplètes, souvent fautives, quelquefois contradictoires, dans le peu de livres que j'ai été à portée de consulter. D'autre part, à Cayenne ou aux Antilles, les coupeurs de bois ne sont guère plus savans que les maîtres de navire qui se chargent de leurs bûches, et que les marchands qui nous les vendent sous des noms qu'on se voit forcé d'adopter jusqu'à ce qu'il y ait une langue commune entre la botanique et le commerce, qui soit entendue du public.

La pesanteur exprimée au bas des articles est celle du pied cube.

I. BOIS DE LA CHINE.

La couleur de mon échantillon est d'un rouge obscur et rembruni, mélangé de taches d'un rouge plus clair tirant sur l'orangé. Les faces du parallélipipède varient, et, suivant le sens dans lequel le bois est coupé, paraissent ou veinées ou marbrées. Les couches annuelles sont très-confuses; mais les éruptions transversales se distinguent facilement, quoique très-rapprochées et très-fines. Ce bois, en se desséchant, gerce et se tourmente.

Il pèse 94 livres 5 onces 5 gros.

Serait-ce le *spartium arboreum trifolium* de Barrère? Celui-ci croît dans le continent de la Guiane, sur le bord des marais. Les Hollandais ont caché son origine; et pour le mieux vendre, ils lui ont supposé une patrie plus éloignée, en lui donnant improprement le nom de *bois de la Chine*.

II. BOIS D'AMOURETTE.

Rouge un peu rembruni, d'une teinte assez égale, veines peu apparentes, maculées rarement de taches noires; grain très-fin, poli vif, quelques gerçures. Les couches annuelles ne sont point prononcées; cependant on distingue à la loupe les éruptions transversales, elles sont très-fines.

Il pèse 92 livres 13 onces.

III. NOYER DE VIRGINIE.

C'est sous ce nom que ce bois m'a été vendu à Marseille. Il est si semblable au bois-de-fer de Cayenne, qu'on ne les peut distinguer (*voyez ce mot*, art. V). Mon échantillon s'étant tourmenté et fendillé depuis que je l'ai reçu, j'ai été obligé de le réduire à vingt-trois lignes d'équarrissage.

Ce bois pèse 90 livres 15 onces 3 gros.

IV. BOIS DE CORNE.

M. Melchior qui me l'a vendu, le croit de Cayenne. Ce nom lui a été vraisemblablement donné parce que, avant d'être taillé, les cassures ont la couleur, le poli gras de la corne, et un peu de sa transparence.

Mon échantillon tire sur la couleur fauve, les veines y sont confusément prononcées. Ce bois est excessivement dur.

On distingue avec la loupe, sur la tranche horizontale de l'échantillon, des couches concentriques encore plus serrées que celles du buis, et, avec une lentille plus forte, les éruptions transversales (*voyez* l'explication des éruptions transversales, 2ᵉ. partie, page 13 et suiv.). Je doute cependant que ces couches concentriques indiquent les années, car il paraît sur la même tranche des couches plus larges, mais mal terminées, qui, je crois, sont les vraies couches annuelles.

On y distingue encore, et même à œil nu, la coupe de quelques faisceaux de fibres longitudinales d'une nature différente des fibres ligneuses ordinaires. Ici ces petites taches, dont la teinte est assez blanche, et qui sont clair-semées, ne sont point rondes, mais elles ont la finesse d'un cheveu, et environ la longueur d'une ligne ; au lieu que, sur la tranche horizontale de quelques autres bois exotiques, de l'acajou, par exemple, elles sont très-multipliées et se touchent pour ainsi dire. Sur l'acajou le fond paraît sablé, sur le bois de corne il est vermiculé.

Ce bois très-singulier pèse 90 livres 7 onces 2 gros.

V. BOIS-DE-FER DE CAYENNE,

Robinica panaroco.

Bois d'un rouge brun, si foncé qu'il en paraît noir ; excessivement dur ; grain très-fin, aussi peu poreux que l'ébène ; poli très-vif. Il ne s'est point gercé ; il me vient de Marseille.

Pesanteur, 87 livres 15 onces 7 gros.

VI. ÉBÈNE DE PORTUGAL.

Couleur assez semblable à celle du bois-de-fer, grain fin, poli vif, point de pores apparens, sinon sur l'aubier, qui est d'un gris-jaunâtre. (*V*. part. II, p. 63.)

Il pèse 88 livres 15 onces 4 gros.

VII. ÉBÈNE NOIRE.

Ce bois, qui nous vient des Indes orientales, est trop connu pour en faire la description.

Il pèse 87 livres 7 onces 4 gros.

VIII. BOIS DE PERDRIX BRUN.

Ainsi nommé, suivant toute apparence, de ce que, étant coupé dans un certain sens, la surface polie ressemble un peu à la couleur des plumes de l'estomac d'une perdrix. J'en ai deux échantillons qui me viennent de M. Melchior. Tous deux se ressemblent par la couleur, qui est d'un brun pourpré et foncé, avec des filets plus clairs, ondoyans ou longitudinaux, suivant le sens dont ils sont coupés. C'est un fort beau bois qui reçoit un poli vif. Les couches annuelles, non plus que les éruptions transversales, ne peuvent s'y distinguer.

Il paraît, sur la surface horizontale, des pores

assez larges , quoique le bois soit très-compacte. Ils
étaient remplis vraisemblablement par le tissu cellu-
laire , lorsque l'arbre était vivant.

L'échantillon du bois de perdrix brun s'est un peu
gercé. Il pèse 80 livres 14 onces 1 gros.

IX. GRENADILLE BATARD DE CAYENNE.

Le morceau que m'a fourni M. Melchior , pour en
extraire des parallélipipèdes , avait près d'un pied de
diamètre , dont les deux tiers étaient d'aubier ; mais
tant l'aubier que le bois parfait sont excessivement
durs. Le cœur est d'un brun isabelle foncé , la teinte
de l'aubier est seulement un peu plus claire. Ce bois
ressemble à celui du poirier sauvage , mais il est plus
compacte et plus fin.

Les pores s'apperçoivent avec une loupe. Sur les
surfaces longitudinales ils sont très-multipliés et très-
fins. Les couches annuelles ne se distinguent pas sur
la surface horizontale : avec un peu d'attention et
une bonne loupe , on distingue les éruptions transversales. Ce bois reçoit un beau poli ; ses veines sont
peu apparentes.

Il y a une grande différence entre le poids du bois
parfait et celui de l'aubier. Le premier pèse 85 livres
8 onces , et l'aubier 68 livres 2 onces seulement.

X. GAYAC (*Guajacum officinale L.*)

Ce bois , qui nous vient des Antilles , est employé
en médecine comme un excellent sudorifique. Il est
résineux. L'échantillon que j'ai reçu par la voie de
Marseille , contient au moins autant d'aubier que de
bois parfait. Celui-ci est brun , veiné de jaune ; l'aubier est jaune , tigré de petites lignes noirâtres qui ,
je crois , contiennent de la résine.

On sait que le gayac est un bois très-dur et très-
recherché pour les poulies , et pour construire dans

les îles les roues et les dents des moulins à sucre. Le
bois parfait reçoit un beau poli , celui de l'aubier est
plus mat. Les couches annuelles se distinguent , mais
sont confuses ; je n'ai pu appercevoir avec une loupe
les éruptions transversales.

Quoiqu'il y ait les deux tiers de mon échantillon
en aubier , il pèse à raison de 85 livres 3 onces 6 gr.
par pied cube.

XI. BOIS DE PERDRIX.

Très-beau bois pour la marqueterie et la tabletterie.
(Voyez *Bois de perdrix brun* , art. VIII.)
Il pèse 84 livres 15 onces 5 gros.

XII. BOIS DE CAYENNE COMMUN.

Sous ce nom M. Melchior m'a fourni un bois qui
ressemble un peu au bois satiné , mais moins beau et
moins éclatant. Il est d'un rouge brun un peu terne :
ses pores , multipliés et apparens , sont remplis d'une
matière blanchâtre qu'on peut soupçonner être le ré-
sidu du suc propre. Les couches annuelles se distinguent confusément sur la tranche horizontale ; elle
est picotée de petits points blanchâtres qui sont l'orifice des pores qu'on remarque sur les surfaces oblongues. Les éruptions transversales ne sont point sensibles.

Ce bois , qui n'est point sans beauté et qu'on peut
employer en marqueterie , pèse 84 liv. 14 onc. 5 gros.

XIII. MANCELINIER (*Hippomane mancinella*).

Les qualités vénéneuses du mancenilier sont connues. Son bois est dur , d'un beau grain , et reçoit
un beau poli ; sa couleur flatte peu la vue ; elle est
brune , mêlée de jaune obscur. Si les cercles concentriques qu'on apperçoit distinctement sur la surface

horizontale, sont de vraies couches annuelles, le mancelinier doit être aussi long à croître que le buis. Je n'ai pas distingué d'éruptions transversales. Sur les surfaces longitudinales de mon échantillon, on apperçoit un grand nombre de pores longs, déliés et remplis d'une matière noirâtre.

Il pèse 84 livres 6 onces 6 gros.

XIV. PANICOCO.

Ce bois, que M. Melchior croit de Cayenne, ressemble beaucoup au gayac. Le cœur en est brun, et l'aubier jaune. (Voyez *Gayac*, n°. X.)

Il pèse 83 livres 8 onces 4 gros.

XV. BOIS DE COCO.

Sa couleur est d'un pourpre fort brun, interligné de veines étroites d'un violet clair. Ses couches concentriques sont très-confuses. Le bois est plein, sans pores apparens; il reçoit un beau poli; je le crois excellent pour le tour. Il ferait bien en marqueterie, si la couleur en était moins sérieuse.

Il pèse 83 livres 3 onces 2 gros.

XVI. ÉBÈNE VERTE (*Bignonia leucoxilon* L.)

J'en ai deux échantillons que m'a fourni M. Melchior, l'un sous le nom d'*ébène verte*, l'autre sous celui d'*ébène verte veinée.*

Leur bois tire plus sur le brun que sur le vert, sur-tout lorsqu'il a été exposé à l'air pendant long-tems; car, lorsqu'on le travaille, il a une teinte d'un vert-canard. Ils ne paraissent pas, au surplus, avoir aucune des qualités de l'ébène noire, car ses pores sont très-prononcés. La face horizontale est picotée d'une quantité innombrable de petits points blanchâtres, qui sont les orifices des pores dont je parle.

Ils

Ils pèsent, l'ébène verte 82 livres 6 onces 4 gros,
et l'ébène verte veinée 77 livres 4 onces 6 gros.

XVII. PALIXANDRE DE CAYENNE DUR.

M. Melchior m'a vendu sous ce nom un bois couleur de marron, agréablement et largement veiné
d'un brun clair. Il a un peu l'odeur du palixandre
ordinaire de Sainte-Lucie. Il est plein, son poli est
lustré. C'est un fort beau bois pour le tour comme
pour la marqueterie.

Il pèse 81 livres 13 onces 3 gros.

XVIII. BOIS DE COCO DE CAYENNE.

Le bois est d'un brun plus clair et moins pourpré
que le bois de coco n°. XV. Ses veines sont ondoyantes. Sa couleur est sérieuse ; il me paraît sujet
aux gerçures. Les couches annuelles sont trop brouillées pour être reconnaissables ; les éruptions transversales sont imperceptibles.

Il pèse 39 livres 10 onces 7 gros.

XIX. SANTAL ROUGE.

Ce bois est couleur de sang, avec des veines larges
et par plaques d'un rouge plus obscur. Il est plein,
lustré, sans pores perceptibles à œil nu. Ses couches
annuelles ne sont pas assez bien prononcées pour que
l'on puisse en conclure avec précision l'âge de l'arbre ; on n'y distingue pas les éruptions transversales.
Ce bois, qui ne se gerce point, est magnifique.

Il pèse 77 livres 4 onces 2 gros.

XX. CHACARANDA.

Ce bois, dont je n'ai trouvé le nom dans aucun
auteur, et que m'a fourni M. Melchior, ressemble

I 10

tellement à l'acajou veiné , que je les crois absolument les mêmes.

Il pèse 77 livres 7 onces 6 gros.

XXI. BOIS D'ACAJOU.

J'ai des échantillons du bois qu'on nous vend en Europe sous le nom de *bois d'acajou* , dont la pesanteur varie depuis 77 livres 5 onces 4 gros jusqu'à 43 livres 13 onces 7 gros par pied cube ; et lorsqu'on examine leur couleur , leurs veines , leur tissu , on y remarque presque autant de différences que dans leur pesanteur. Il me paraît impossible que des bois si dissemblables proviennent de la même espèce d'arbres , ou n'en soient que des variétés.

Les botanistes , qui ont décrit avec soin la fleur, le fruit , les feuilles , la stature , le tempérament des arbres, n'ont décrit que d'une manière trop sommaire et souvent incomplète la partie ligneuse , c'est-à-dire la partie qu'il était le plus utile de bien faire connaître. D'autre part , les coupeurs et les marchands de bois se sont peu embarrassés si le nom vulgaire qu'ils prêtaient à leur marchandise était bien ou mal appliqué ; et tandis que la botanique accumulait les noms sur la même espèce , les marchands ont donné plus souvent encore le même nom à des espèces différentes. De là est née une confusion entre les noms et les choses qui jette l'historien d'un arbre utile dans une pénible incertitude.

Quelques commerçans ont fait pis encore pour se garantir d'une concurrence qui eût diminué leur profit , en rendant la marchandise moins rare ; ils ont déguisé la vraie patrie d'un bois dont ils désiraient de conserver le commerce exclusif : les Hollandais n'ont-ils pas nommé *bois de la Chine* un beau bois de marqueterie très-commun dans la Guiane? (*Voyez* ce mot, art. I.)

· Le noyer est celui des bois de l'Europe auquel, à

la couleur près, l'acajou ressemble le plus par les autres qualités. Tous deux se travaillent et se coupent aisément, dans quelque sens qu'on les prenne ; tous deux supportent parfaitement l'assemblage, donnent de larges planches, et font peu de retraite en se desséchant. Cette dernière qualité rend les meubles en noyer et en acajou parfaitement solides. Il n'est donc pas étonnant que le bois d'acajou, ou ce qu'on nomme ainsi, ait pris dans ces derniers tems la plus grande faveur.

Il n'en est pas de même de la plupart des bois exotiques à couleur éclatante : indépendamment de ce qu'ils ont beaucoup d'aubier, et conséquemment peu de volume, plusieurs d'entre eux se tourmentent, gercent et se fendent ; il faut donc, ou se presser de les débiter afin d'éviter les gerçures, ou en tenir les bûches dans un lieu très-frais jusqu'à ce qu'on les emploie. Quelquefois encore leur couleur s'altère. On s'est dégoûté du bois de rose pour cette raison, au lieu que l'acajou s'embellit en vieillissant.

Ainsi, toutes les fois que les coupeurs de bois ont trouvé de gros arbres portant peu d'aubier, dont la couleur ressemblait à celle du marron d'Inde plus ou moins clair, dont le bois doux, moelleux, point sujet aux gerçures, faisait peu de retraite et donnait de larges madriers, ils l'ont nommé *acajou*, qu'on a divisé ensuite en acajou veiné, acajou moucheté, acajou du Sénégal, acajou ordinaire, etc. La même confusion s'est mise parmi les bois de teinture, et sur-tout parmi ceux qu'on nomme *bois du Bresil*.

L'acajou veiné de Cayenne est, à mon gré, le plus beau des acajous. Ses larges taches brunes et irrégulières sur un fond marron tantôt plus foncé, tantôt plus clair, lui donnent une beauté mâle qui semble destiner ce bois à des meubles de cabinet ; mais l'acajou n'aurait pas dû chasser le bois de rose des boudoirs.

Quoique l'acajou veiné soit le plus lourd de mes

échantillons d'acajou, les pores y sont néanmoins largement prononcés sur les faces longitudinales et parallèles à l'axe de l'arbre. Les couches annuelles s'apperçoivent sur la surface horizontale, trop confusément néanmoins pour bien juger de l'âge de l'arbre; car elles varient non-seulement d'épaisseur entre elles, mais la même couche est tantôt mince, tantôt au double plus large, irrégulièrement et alternativement brune et claire; je ne suis point parvenu à y distinguer les éruptions transversales. Les pores sont trop multipliés pour que le poli en soit bien vif naturellement; on l'avive avec de la cire blanche.

Il pèse 77 livres 5 onces 4 gros.

Les mouchetures de l'acajou moucheté m'ont paru produites par des éruptions de branches; nous obtenons un effet à peu près semblable sur notre frêne d'Europe, lorsqu'on l'étronçonne et qu'on élague souvent les branches qui naissent sur sa tige. Les fibres de mon échantillon d'acajou moucheté sont contranchées et ondoyantes, la teinte est en général plus claire que celle de l'acajou veiné. Les pores y sont plus multipliés et plus fins, et l'on en apperçoit les orifices sur la tranche horizontale; ils y forment une piqûre fine et serrée de points blancs: on y voit aussi les éruptions transversales.

Il pèse 64 livres 14 onces.

L'acajou du Sénégal que m'a fourni M. Melchior, est sans veine d'une couleur parfaitement homogène; elle est gris de lin obscur, sans teinte de jaune comme dans les autres acajous. Les pores en sont droits, très-déliés et d'une extrême finesse. Ils forment sur la tranche horizontale une piqûre presque imperceptible à œil nu. Les points blanchâtres se touchent; on ne saurait y distinguer ni les couches annuelles ni les éruptions transversales.

Il pèse 60 livres.

J'ai deux échantillons d'acajou ordinaire, dont l'un pèse 58 livres 4 onces par pied cube, l'autre 57 livres

6 onces 1 gros. Leur couleur est la même et ressemble à celle d'un marron d'Inde qui n'est point encore bien mûr ; on y distingue quelques veines d'une teinte un peu plus brune, mais qui se noient et ne sont pas tranchées comme celles de l'acajou veiné. On apperçoit, sur la tranche horizontale, des couches concentriques, mais je n'ose prononcer que ce soient des couches annuelles, car l'arbre aurait une croissance bien lente.

Enfin j'ai un échantillon de bois d'acajou venant de Marseille, qui ne pèse que 48 livres 6 onc. 1 gr. par pied cube, et qui est très-beau. Quoique beaucoup plus léger que les autres acajous, son grain paraît plus fin. Sa couleur est chatoyante et changeante ; si on incline ses surfaces oblongues dans un certain sens, elles paraissent couleur de marron obscur ; si on les incline dans un sens contraire, la couleur s'éclaircit et devient orangée. L'une des surfaces est mouchetée de taches également changeantes. Les couches concentriques sont bien prononcées sur la tranche horizontale.

XXII. BOIS DE NATRE.

Sa couleur uniforme et obscure, ressemblante à une feuille sèche un peu rougeâtre, n'a rien de remarquable. Sa fibre est fine, le bois paraît dur ; et malgré cette qualité, le poli n'en est pas très-vif.

Il pèse 76 liv. 4 onces 1 gros.

XXIII. BOIS DE CORAIL DUR.

Ce bois est encore plus éclatant que celui du santal rouge. Il est couleur de sang, largement veiné de pourpre foncé et de pourpre un peu plus clair. Son poli ressemble au poli d'un beau marbre.

Lorsqu'il est fraîchement travaillé, ses veines les

plus claires sont aurore ; quelques jours après , elles prennent la couleur du sang.

Si ses couches concentriques , qu'on ne distingue qu'avec une loupe , sont des couches annuelles , il faut à cet arbre plus de vingt ans pour que son diamètre augmente de 2 lignes. Cependant la bûche dont provient mon échantillon , avait au moins 10 pouces de diamètre , et l'aubier en avait été enlevé avant que M. Melchior ne l'eût reçue.

Ce bois superbe pèse 75 livres 10 onces 4 gros.

XXIV. BOIS VIOLET.

Son nom lui vient de sa couleur ; ce bois est marbré de deux teintes de violet, l'une foncée et l'autre claire, mais la couleur s'altère à la lumière ; le violet clair prend une teinte jaune , le violet foncé une teinte brune. Malgré ce défaut , c'est l'un des plus beaux bois pour la marqueterie.

Ses veines sont ou larges ou étroites , suivant le sens dans lequel les couches concentriques sont coupées.

Le poli est beau et lustré , les pores peu apparens. Les couches concentriques sont très-brouillées , et se succèdent les unes aux autres , en variant irrégulièrement leurs teintes.

Il pèse 74 livres 6 onces 1 gros.

XXV. BRESIL DE FERNANBOUC ,

Pseudo-Santalum rubrum , seu *Arbor Brasilia*
C. B. P.

Bois de marqueterie et de teinture. Son grain est fin , il prend un beau poli. Sa couleur ressemble à celle de la chair d'un abricot-pêche bien mûr. Ses couches annuelles ne peuvent se distinguer , non plus

que ses éruptions transversales. Il est sujet à se gercer.

Il pèse 74 livres 6 onces 1 gros.

J'ai reçu de Marseille, sous le nom de *Fernanbouc*, un autre bois du Bresil moins beau, plus poreux et plus léger, qui pèse 70 livres 4 onces 6 gros.
Sa couleur est plus sombre, et son poli moins vif.

XXVI. BOIS DE LETTRE.

Sur ce bois fendu longitudinalement sans être poli,
on apperçoit une suite de traits qui ont quelques rapports avec les caractères chinois, et qui sont produits
par une disposition particulière des éruptions transversales, d'où lui est venu sans doute le nom de *bois
de lettre*. Cette configuration disparaît dès que le bois
est poli. Il est assez beau ; sa couleur est pourpre violet
foncé avec des veines aurore. Ces veines sont très-
fines, par la raison que les couches concentriques
sont très-rapprochées. Ce bois se gerce beaucoup et ne
paraît pas moelleux.

Il pèse 74 livres 5 onces 4 gros.

XXVII. GRENADILLE.

Le bois de grenadille est le plus varié des bois
qu'on emploie en marqueterie : on y trouve du brun,
du violet, du gris, du jaune, de l'orangé ; mais aucune de ces couleurs n'est éclatante. Le poli en est
vif, le grain fin ; les veines en sont bizarres et irrégulières comme celles du marbre. Celui de nos arbres
indigènes à qui le tissu du bois de grenadille me semble
ressembler davantage est l'olivier. Les couches concentriques sont brouillées et confuses.

Il pèse 73 livres 10 onces 2 gros.

XXVIII. ÉBÈNE FEMELLE.

Sous ce nom bizarre il m'a été envoyé de Marseille un échantillon dont le bois est en partie noir comme l'ébène, entrelardé de larges veines blanches brouillées de noir, qui ne font point partie de l'aubier, car dans le même échantillon il est resté de l'aubier qui paraît aussi tendre que la partie du noir veiné de blanc est dure. On n'apperçoit les vestiges d'aucun cercle concentrique sur les tranches horizontales.

Cet échantillon singulier pèse à raison de 73 livres 8 onces 5 gros par pied cube.

XXIX. BOIS DES INDES ORIENTALES.

Ce bois, dont l'échantillon m'a été donné au jardin du Roi, et que M. Melchior n'a pas reconnu, est de la plus grande beauté. Le fond de la couleur est d'un pourpre si foncé, qu'il en est presque noir, et qu'à l'éclat et au poli on le prendrait pour de l'ébène, s'il n'avait pas de larges veines d'un rouge un peu moins obscur. Le bois commençait à être altéré dans le cœur qui fait partie de mon échantillon.

Il pèse 73 livres 6 onces 7 gros.

XXX. BOIS DE CAYENNE FIN.

C'est sous ce nom que M. Melchior m'a fourni l'échantillon d'un bois magnifique. Le fond de la couleur est un beau mordoré veiné de rouge. Le grain en est fin, le poli vif, les pores peu apparens. Les couches concentriques, sans être terminées entre elles d'une manière bien distincte, sont néanmoins sensibles et régulières. La tranche horizontale est picotée d'une quantité innombrable de petits points ; je n'ai pu distinguer, même à la loupe, les émanations transversales.

Je crois le cayenne fin fort propre à la teinture, car il a un goût sucré comme le fernanbouc; et lorsqu'on l'humecte, il tache en rouge le papier.

Il pèse 73 livres 5 onces 4 gros.

XXXI. BOIS SATINÉ.

Le bois satiné est l'un des plus beaux bois de marqueterie anciennement connus. Quoiqu'il soit légèrement poreux, son poli a beaucoup d'éclat. Ses pores ne sont pas entièrement vides, comme ceux de quelques arbres plus denses et plus durs que le satiné, mais ils sont remplis d'une matière brune qui produit un bel effet sur le mordoré clair, teinte principale du satiné, mais teinte quelquefois rembrunie par des veines d'un mordoré plus foncé. La couleur de ce bois change suivant le degré d'inclinaison de la surface que l'on considère, ce qui lui a fait donner le nom de *satiné*.

Les couches concentriques sont très-brouillées et très-irrégulières, leur couleur n'est point uniforme, et je n'ai pu appercevoir sur la tranche horizontale les éruptions transversales.

La couleur du satiné m'a paru s'embellir lorsqu'on le tient à l'ombre, mais son rouge s'efface et il devient terne lorsqu'il est frappé du soleil.

On m'a envoyé de Marseille deux échantillons de ce bois, l'un sous le nom de *satiné rouge*, l'autre de *satiné veiné*; mais ils sont également rouges et également veinés l'un et l'autre.

Le premier pèse 73 livres 1 once 3 gros, et le second 72 livres 6 onces 7 gros.

Voyez ci-après le satiné paillé, n°. XLII.

XXXII. ÉBÈNE GRISE.

Ce bois n'a ni beauté ni éclat. Les pores y sont

très-apparens, et le poli en est mat ; il est d'un gris foncé.

Il pèse 72 livres 9 onces.

XXXIII. PALIXANDRE DE SAINTE-LUCIE.

Ce bois a eu autrefois la même faveur qu'obtient aujourd'hui l'acajou ; j'ai vu, dans un château bâti il y a plus d'un siècle, un cabinet qui en était entièrement et tristement boisé.

Sa couleur naturellement très-brune se rembrunit encore avec le tems ; cependant, lorsqu'il est bien choisi, et qu'il est coupé dans le sens qui lui convient, il est marbré par le mélange d'un brun foncé presque noir et d'un brun plus clair un peu rouge. Son poli est assez bien lustré, ses pores sont largement prononcés sur les surfaces oblongues ; on apperçoit à la loupe qu'ils sont intérieurement tapissés d'une matière un peu luisante, d'une sorte de vernis. Je crois ce bois résineux, et c'est vraisemblablement à sa résine qu'il doit l'odeur fort douce qu'il répand lorsqu'il est fraîchement employé, odeur qui se dissipe avec le tems, et que l'on ravive par le frottement. Vraisemblablement encore ses larges pores étaient les conduits du suc propre. Les orifices de ces pores sont apparens sur les tranches horizontales du parallélipipède, mais les couches annuelles et les éruptions transversales ne s'y peuvent distinguer.

L'aubier du palixandre est d'un gris sale ; il est fort tendre, et le bois parfait est fort dur.

Mon échantillon pèse à raison de 69 livres 8 onces 3 gros.

J'ai reçu de Marseille, sous le nom de *palixandre des Indes*, un autre échantillon offrant les mêmes couleurs que le premier, mais inodore, sans marbrure, et dont le grain est plus grossier.

Il pèse 54 livres 1 once 5 gros.

XXXIV. BOIS DE BRESIL.

J'ai reçu de Marseille , sous ce nom et sous celui de *bresil de Sainte-Marthe* , deux échantillons qui se ressemblent beaucoup , à cela près que la teinte du premier est d'un rouge un peu plus brun , et l'échantillon du bresil de Sainte-Marthe un peu plus orangé. Tous deux ont des pores très-sensibles , mais très-multipliés et très-fins ; leurs orifices se distinguent par de petits points blanchâtres sur la tranche horizontale. Leurs surfaces longues sont un peu chatoyantes.

Le premier échantillon pèse 68 livres 11 onc. 2 gr. , et le second 68 livres 7 onces 5 gros.

XXXV. BOIS ROUGE DE SAINTE-LUCIE.

La couleur de ce bois , dont M. Melchior m'a fourni un échantillon , est beaucoup plus belle que son grain. Ses fibres sont un peu grossières , et ses pores plus largement prononcés que dans le bois satiné , auquel il ressemble beaucoup , car il est changeant comme lui suivant l'inclinaison de la surface polie que l'on considère. Mais sa couleur est plus vive et tire sur le violet ; l'intérieur des pores paraît même entièrement violet , au lieu que sur le bois satiné il est brun. On ne distingue sur la surface horizontale aucune couche concentrique , mais on y distingue aisément les éruptions transversales. Je crois ce bois propre à la teinture ; car , lorsqu'on le frotte après l'avoir mouillé , il teint le linge en rouge.

Il pèse 68 livres 11 onces 2 gros.

XXXVI. BOIS DE ROSE (*Licaria Guyanensis*).

C'est encore plus par son aromate que par sa couleur que le bois de rose ressemble à la fleur dont on lui a donné le nom ; quelque fraîche qu'en soit la couleur, elle n'est point celle de la rose; c'est plutôt un heureux mélange des différentes teintes du cramoisi, du pourpre, du violet et du jaune élégamment veinés; mais, ainsi que sur la rose, cet éclat, cette fraîcheur sont peu durables. L'air et la lumière rembrunissent le pourpre, et donnent aux parties claires du bois la couleur de feuille morte; l'élégant accord des couleurs se détruit, et l'aromate se dissipe. Ce bois, fort à la mode autrefois, est aujourd'hui beaucoup moins employé, et a cédé le pas à l'acajou.

La fibre du bois de rose est fine, ses pores serrés, le poli vif, ses couches concentriques confuses et irrégulières. Il est un peu sujet à gercer. Si le bois de rose n'est pas le plus beau et le plus durable des bois de marqueterie, il est certainement le plus élégant.

Il pèse 68 livres 1 once 4 gros.

XXXVII. BOIS D'AMARANTE DE CAYENNE.

C'est de sa couleur que ce bois tire son nom, et cette couleur est belle, franche et homogène; mais il est si facile de l'imiter par artifice sur nos bois indigènes, que le bois d'amarante n'est pas aussi recherché que naturellement il devrait l'être; d'ailleurs sa fibre n'est pas très-fine ni son poli bien éclatant. Ses couches concentriques se distinguent par les nuances d'un violet plus ou moins foncé, et par des piqûres plus ou moins prononcées sur la surface horizontale. On n'apperçoit point à l'œil les éruptions transversales.

Il pèse 67 liv. 12 onces 7 gros.

XXXVIII. BOIS DE CAYENNE GRIS, ET BOIS DE CAYENNE.

Sous ces deux dénominations, M. Melchior m'a fourni deux échantillons qui ont quelque rapport avec le bois satiné, en ce que leurs surfaces sont un peu chatoyantes, mais la fibre en est plus grossière et les couleurs plus ternes.

Le bois de *Cayenne gris* n'est point gris, mais il est d'un fond jaune-abricot tacheté de noir. Le bois ditto *de Cayenne* a un peu plus de rouge dans sa teinte ; tous deux ont les pores fortement et largement prononcés, et les couches annuelles apparentes, mais mal terminées.

Le bois de Cayenne gris pèse 66 livres 5 gros, et le bois de Cayenne 65 livres 10 onces.

XXXIX. NOYER DE LA GUADELOUPE.

Les ébénistes emploient, sous cette dénomination, un bois couleur de paille, moiré et chatoyant, d'une teinte uniforme, dont le grain est très-fin, les veines peu apparentes, les pores imperceptibles à l'œil nu, et qui prend un beau poli, même sur la tranche horizontale, où les couches sont bien prononcées, sans qu'on puisse en conséquence déterminer au juste l'âge de l'arbre ; car plusieurs de ces couches ne parcourent pas le cercle en entier, mais se réunissent en faisceaux pour se noyer dans une seule. Les éruptions transversales sont très-fines, mais perceptibles à œil nu. Il ne s'est fait aucune gerçure.

C'est un bois parfaitement beau ; il pèse 65 livres 15 onces.

XL. ACAJOU MOUCHETÉ.

Voyez Acajou, n°. XXI.

XLI. BOIS DE CORAIL TENDRE.

Il est rouge de sang avec quelques veines brunes, et quelquefois de petites taches nacarat. Ses veines sont largement et profondément prononcées, et tapissées intérieurement d'une résine ou d'une gomme luisante. Son poli est assez vif par-tout où il n'est point altéré par les cavités des pores. Je le crois propre à la teinture, car il tache le papier en rouge, lorsqu'on humecte ou le bois ou le papier. Les couches concentriques ne sont pas prononcées sur la tranche horizontale de manière à pouvoir y compter le nombre des années ; mais on y compte, à la loupe, de petites lignes circulaires d'un rouge clair et extraordinairement fines. C'est un très-beau bois.

Il pèse 63 livres 2 onces 2 gros.

XLII. SATINÉ PAILLÉ.

Cet échantillon, qui me vient de Marseille, diffère des bois satinés décrits au n°. XXXI, par la teinte qui est un peu moins rouge, par le poli qui a moins d'éclat, par la fibre qui est plus lâche, par les reflets qui sont moins prononcés, et sur-tout par le poids.

Celui-ci pèse 62 livres 8 onces 5 gros.

XLIII. BOIS JAUNE DE TEINTURE.

M. Melchior m'a annoncé que ce bois lui venait de Cayenne. Sa couleur ressemble à celle de la gomme gutte en pain, dont la teinte serait très-claire. Le grain en est fin, le poli lustré, satiné et chatoyant ; les pores en sont apparens, nombreux, déliés et rarement droits ; les uns s'inclinent de gauche à droite, les autres affectent l'inclinaison contraire. La piqûre que l'orifice de ces pores forme sur la tranche horizontale, est régulière et agréable. Les couches concentriques forment, autour de l'axe de l'arbre, des courbures régulières. On ne peut appercevoir qu'avec une lentille un peu forte les éruptions transversales, qui sont serrées, régulières et d'une finesse extrême. C'est un très-beau bois. Il pèse 62 livres 8 onces 2 gr.

XLIV. ACAJOU DU SÉNÉGAL.

Voyez Acajou , n°. XXI.

XLV. BOIS DE CACA DE CAYENNE,

(*Sterculia fœtida* L.)

L'odeur de ce bois est fétide et nauséabonde quand on le coupe , même quand on le travaille sec ; cette odeur s'évapore ensuite : mon échantillon est aujourd'hui totalement inodore. Le bois caca n'est ni blanc , ni poreux , ni filandreux , ainsi que je l'ai lu dans un dictionnaire d'histoire naturelle très-estimé. L'auteur l'a décrit sans doute d'après un rapport fautif , et n'avait pas vu ce bois très-singulier. L'une des faces de mon échantillon , qui porte 2 pouces d'équarrissage , est composée de quatre bandes , dont deux sont d'un rouge brun foncé ; la teinte des autres est plus claire ; chacune de ces bandes est interlignée par une raie ondoyante d'environ une ligne de largeur , couleur de sang coagulé. Ces lignes , sur la surface horizontale , deviennent irrégulièrement circulaires autour de ce qui fut l'axe de l'arbre. Le grain de ce bois est fin , les pores sont presque imperceptibles. Le poli est vif , et l'on ne distingue sur la tranche horizontale aucune autre couche concentrique que cette veine noire dont j'ai parlé , ni aucune éruption transversale.

Il pèse 58 livres 12 onces.

XLVI. BOIS JAUNE DE L'ILE Ste.-LUCIE;

La couleur est peu éclatante , le poli peu lustré. Les pores sont très-multipliés ; le grain , sans être grossier , n'est pas non plus d'une grande finesse.

Peut-être ce bois a-t-il des qualités que j'ignore mais il ne peut pas faire de la belle marqueterie.

Il pèse 56 livres 7 onces.

XLVII. ÉPI DE BLÉ.

Ce bois, plus singulier qu'il n'est beau, ressemble davantage à une pierre ponce rougeâtre dont les vides seraient de forme oblongue, qu'à du bois. A l'aide de l'imagination, on peut aussi lui trouver quelque ressemblance avec l'extrémité d'une gerbe de blé où les épis seraient placés. C'est le bois le plus largement poreux que j'aie encore observé. Tout ce qui n'est pas pores, c'est-à-dire le tiers environ de sa substance, semblable à de la corne rougeâtre et transparente, reçoit un poli assez vif. La couleur n'est pas facile à bien décrire : elle est d'un brun clair et rougeâtre, marbré de veines d'un brun plus foncé, tantôt larges, tantôt fines et étroites; la masse entière semble composée de matières hétérogènes.

La tranche horizontale ressemble à du porphyre grossier, et cependant l'on y distingue à la loupe des éruptions transversales très-fines. M. Melchior ne m'a point dit en quel pays ce bois croissait.

Il pèse 54 livres 7 onces.

XLVIII. BOIS JAUNE DE LA MARTINIQUE.

Il a le grain très-fin, les pores serrés et peu apparens; il se polit au point d'être très-doux au toucher, mais son poli a peu d'éclat. Sa couleur jaune est une nuance du souci. Il laisse sur la langue une impression d'amertume, et tache le linge en jaune lorsqu'on l'humecte. Ses couches annuelles sont si brouillées sur la tranche horizontale, que cette tranche ressemble à du marbre plutôt qu'à du bois, d'autant plus que le poli en est plus lustré que sur les surfaces oblongues.

Il faut avoir l'œil exercé pour y reconnaître, avec une forte lentille, les éruptions transversales.

Il pèse 54 livres 6 onces.

XLIX. BOIS CITRON DE SAINTE-MARTHE.

Cet échantillon m'est venu par la voie de Marseille. L'une des surfaces du parallélipipède, celle qui coupe à angle droit les couches annuelles, est veinée d'un jaune un peu foncé ; une autre des surfaces est maculée de larges taches un peu brunes qui la font ressembler à du marbre. Quoique les pores soient bien prononcés, le poli est éclatant, chatoyant et satiné. Les couches concentriques sont assez régulières ; je doute cependant qu'on pût déterminer par elles l'âge de l'arbre ; cette surface est picotée par les orifices des pores. A l'aide d'une forte lentille, on distingue les éruptions transversales. Ce bois laisse sur la langue une impression d'amertume et tache le linge en jaune. C'est un fort beau bois.

Il pèse 53 livres 11 onces 7 gros.

L. NOYER DE SAINT-DOMINGUE.

Ce bois paraît gras, doux et flexible comme le noyer d'Europe, et lui ressemble, à cela près que le fond de sa couleur est rougeâtre, et que celui du noyer d'Europe est noirâtre, et qu'il est impossible d'y reconnaître les couches annuelles sur la tranche horizontale.

Il pèse 53 livres 5 onces 2 gros.

LI. PALMIER-DATTIER, *Phœnix dactilifera* L.

M. Daubenton a fait l'histoire du palmier-dattier dans un mémoire que ce savant a lu à l'académie. Il a bien voulu me donner une planche, une tranche horizontale et un parallélipipède de ce bois, si l'on

peut donner le nom de bois à la tige de cet arbre singulier, dont la végétation ne ressemble à celle d'aucun
de nos arbres d'Europe, et peut-être à celle d'aucun
arbre du monde qui ne serait pas de la famille des
palmiers.

La tige du dattier qui, dans les pays chauds, s'élève
d'un diamètre toujours égal à une très-grande hauteur, n'est qu'un composé de moelle et de fibres ;
mais ces fibres ne sont point des fibres ligneuses ; elles
ne sont que le prolongement, au travers de la moelle,
des fibres de la feuille. La moelle desséchée est grise,
et les fibres sont noires. Elles ont environ une demi-
ligne de diamètre ; leur coupe ressemble à un croissant ou à une virgule.

Comme tous les ans il se forme de nouvelles feuilles
au centre de la sommité de l'arbre, et par conséquent
de nouvelles fibres, celles-ci chassent du centre à la
circonférence les fibres anciennes, de sorte qu'elles
sont incomparablement plus multipliées, et la moelle
plus rare près de l'écorce que près du centre. Ainsi,
à supposer qu'on puisse donner le nom de bois à l'amas
de ces fibres, le bois qui touche à l'écorce est beaucoup plus vieux que le bois de l'intérieur.

Le côté de mon parallélipipède, de deux pouces
d'équarrissage, qui était le plus près de l'écorce,
porte trois fois autant de fibres noires que de moelle
grise, tandis que le côté opposé porte trois fois plus
de moelle que de fibres. La tranche horizontale est
tigrée.

Mon parallélipipède pèse à raison de 51 livres 13
onces 4 gros par pied cube.

LII. SATINÉ GRIS DE L'ILE DES TORTUES.

Il a beaucoup de rapport avec le noyer de la Guadeloupe (n°. XXXIX) : tous deux ont le grain très-
fin, de même que les fibres et les pores ; tous deux
sont satinés et chatoyans, mais ils diffèrent par la

couleur. Celle du noyer de la Guadeloupe est franchement le jaune de la paille ; la couleur du satiné gris est un gris mêlé de jaune. La tranche horizontale du noyer de la Guadeloupe est abricotée, celle du satiné gris est couleur de cendre. On distingue, sur le premier, des couches concentriques et des éruptions transversales, même à œil nu : les couches concentriques sont confuses dans le second, et les éruptions transversales ne se distinguent qu'à la loupe. La surface horizontale du satiné gris est picotée par un nombre infini de petits points blanchâtres ou d'orifices poreux qu'on n'apperçoit pas sur le noyer de la Guadeloupe. Leur pesanteur est aussi très-différente ; le satiné gris ne pèse que 48 livres 7 onces.

J'ai vu chez M. Melchior une chambre entièrement boisée de satiné gris. Si le dessin de la boiserie eût été meilleur, les moulures plus mâles, et qu'on y eût ajouté un peu de sculpture, dont ce bois me paraît susceptible, cette boiserie produirait un bel effet.

LIII. BOIS CITRON DE LA MARTINIQUE.

Ce bois, que j'ai reçu de Marseille, n'a ni la couleur ni l'odeur du citron ; il est rougeâtre, très-poreux, a peu d'éclat, et pèse 44 livres 15 onces 5 gros.

LIV. BOIS DE CAMPÊCHE,

Hœmatoxilum Campœchianum L.

Bois de marqueterie et de teinture. Ses usages dans la teinture sont trop connus pour en parler ; son bois est plein, assez dur ; il est d'un rouge foncé approchant de la couleur de la sanguine à crayon. Sa fibre me paraît contranchée, son poli n'est pas éclatant. Ses couches concentriques sont brouillées et irrégulières.

Il pèse 68 livres 14 onces 5 gros.

LV. GENÉVRIER DES BERMUDES,

CÈDRE A CRAYON (*Juniperus Bermudiana* L.)

Il y a peu de bois aussi moelleux, aussi doux à travailler que le cèdre. Il était très-recherché autrefois; le bois de rose lui a succédé; aujourd'hui l'acajou est en faveur. Son odeur est forte, et ne plaît pas à tout le monde; il est d'un brun clair tirant sur le rouge. Ses veines, produites par les couches annuelles, sont assez bien prononcées. Le contact de l'air et de la lumière le rembrunit; son poli est doux sans être lustré.

Il pèse 34 livres 7 onces 5 gros.

LVI. SASSAFRAS (*Laurus Sassafras* L.)

Ce bois n'a nulle beauté, mais on l'emploie en médecine. Son odeur, qui tient de l'anis et du fenouil, est agréable. Sa couleur est blanchâtre ou blanc sale. Il est sujet à la vermoulure; mon échantillon en est criblé.

Il pèse 33 livres 4 onces 7 gros.

LVII. CÈDRE BATARD.

Sous cette dénomination, M. Melchior m'a remis l'échantillon d'un bois couleur de ciment, dont les pores sont largement et profondément sillonnés sur les surfaces oblongues; les couches annuelles sont distinctement prononcées sur la surface horizontale. Les éruptions transversales sont d'un rouge plus foncé que les fibres longitudinales. Ce bois n'est pas susceptible de poli, et entièrement inodore.

Il pèse 28 livres 8 onces 6 gros.

Fin de la première partie.

TABLE DES MÉMOIRES

CONTENUS DANS CETTE PARTIE.

Fin de la Table.

9 782329 357270